U0652946

高等职业教育无人机应用技术专业系列教材

无人机操控技术与应用

WURENJI CAOKONG JISHU YU YINGYONG

主　编　李振甲　张　彬　苏　猛

副主编　李春满　辛　兴　苏慧平

参　编　张宇婷　王少杰　何塔拉　张　超

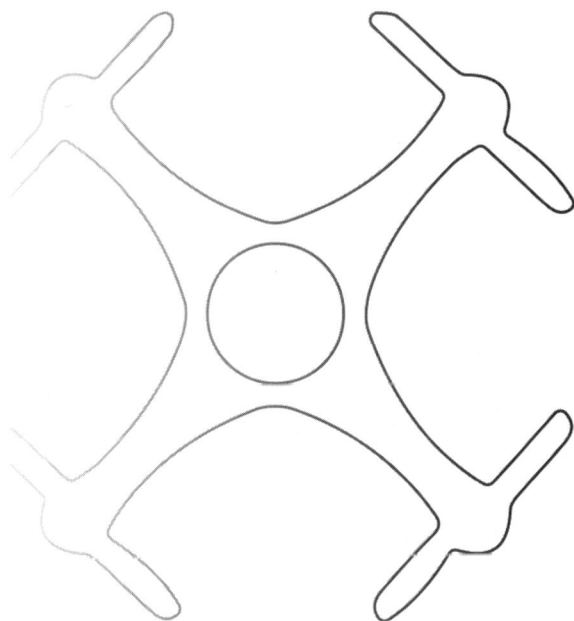

西安电子科技大学出版社

内 容 简 介

本书是国家职业教育专业教学资源库精品课程配套教材。

本书立足于无人机技术发展，积极响应国家关于低空经济及无人机产业的最新政策导向，结合《无人驾驶航空器飞行管理暂行条例》等政策文件，以及无人机操作应用职业技能等级证书(中级)考核技能点编写而成。书中内容包括认识无人机、无人机系统的组成、多旋翼无人机的组装与调试、垂直起降固定翼无人机的组装与调试、无人机的典型应用以及无人机维修定损 6 个学习情境，每个学习情境都以先导案例开篇，明确学习目标，以任务为教学单元，突出实用性。每个任务都进行针对性的知识讲解、评价分析，聚焦知识技能与拓展，强调操作注意事项，让读者能更好地掌握故障分析及处理方法，并结合技能训练，提升综合及创新能力。

本书可作为高职高专院校无人机技术、电气自动化技术等相关专业的教材，也可作为企业在职人员的培训教材或参考书。

图书在版编目（CIP）数据

无人机操控技术与应用 / 李振甲，张彬，苏猛主编. 西安：西安电子科技大学出版社, 2025.5. -- ISBN 978-7-5606-7535-0

Ⅰ. V279

中国国家版本馆 CIP 数据核字第 20255MZ735 号

策　　划　李鹏飞　　杨航斌
责任编辑　李鹏飞
出版发行　西安电子科技大学出版社（西安市太白南路 2 号）
电　　话　（029）88202421　88201467　　　邮　　编　710071
网　　址　www.xduph.com　　　　　　　电子邮箱　xdupfxb001@163.com
经　　销　新华书店
印刷单位　陕西精工印务有限公司
版　　次　2025 年 5 月第 1 版　　　　　2025 年 5 月第 1 次印刷
开　　本　787 毫米×1092 毫米　1/16　　印　张　9
字　　数　210 千字
定　　价　29.00 元
ISBN 978-7-5606-7535-0

XDUP 7836001-1

前　言

为贯彻落实《国家职业教育改革实施方案》和《"十四五"时期教育强国推进工程实施方案》等文件精神，适应无人机产业迅猛发展对职业院校相关专业课程建设的需求，针对当前高职院校无人机相关专业缺少操作与应用类教材，不能满足行业、企业发展及技能提升需求，特编写本书。

本书编写组通过企业调研、院校调研，依据无人机驾驶员岗位标准，以真实任务为载体，创立学习情境，对教学内容进行重构，以期满足实用要求。

本书特点如下：

(1) 知识内容立足于无人机技术发展及无人机技术相关专业毕业生所需的岗位能力，对接无人机操作应用"1+X"职业技能等级证书(中级)考核技能点和无人机应用技术技能大赛标准。

(2) 注重实用性、科学性和先进性。理论部分本着够用原则，重点突出对技能的培养，并对每个组装与调试任务的操作内容、方法、步骤进行了规范。

(3) 适应学生心理特点和认知习惯，在知识学习和技能训练中潜移默化地培养学生的工程实践能力、理论联系实际能力及分析问题和解决问题能力。本书融入了课程思政内容，以激发学生敬业奉献、勇于创新的意识，培养严谨认真、精益求精的职业精神。

本书由内蒙古机电职业技术学院联合内蒙古电力(集团)有限责任公司、北京云天智阳科技有限公司等企业共同编写而成。为了让读者更好地掌握本书内容，本书配套有关键技术及操作的微课视频、动画等资源，读者可以通过扫描书中的二维码进行观看。

本书具体的编写分工如下：学习情境 1 和学习情境 3 的任务 3.1 由内蒙古机电职业技术学院李振甲、辛兴，内蒙古电力(集团)有限责任公司锡林郭勒供电分公司张宇婷联合编写；学习情境 2 和学习情境 6 的任务 6.1、任务 6.2、任务 6.3 由内蒙古机电职业技术学院张彬、辛兴，北京云天智阳科技有限公司张超联合编写；学习情境 3 的任务 3.2、任务 3.3 和学习情境 6 的任务 6.4、任务 6.5 由内蒙古机电职业技术学院苏猛、苏慧平，工业和信息化部电子第五研究所王少杰联合编写；学习情境 4 和学习情境 5 由内蒙古机电职业技术学院李春满和国网内蒙古东部电力有限公司通辽供电公司何塔拉联合编写。

本书在编写过程中借鉴了相关文献，在此向这些文献的作者表示衷心感谢。教材建设是一项系统工程，需要不断改进，希望广大读者不吝赐教，提出修改意见，帮助我们不断提高和完善本书。

编 者

2024 年 12 月

目　录

学习情境1 认识无人机

无人机是一种由无线电遥控设备或自身程序控制装置操纵的无人驾驶飞行器。它最早出现于20世纪20年代。

无人机的飞速发展和广泛运用是在海湾战争之后。以美国为首的西方国家充分认识到无人机在战争中的作用，竞相把高新技术应用到无人机的研制与发展上，例如：新翼型和轻型材料大大增加了无人机的续航时间；先进的信号处理与通信技术提高了无人机的图像传输速度和数字化传输速度；先进的自动驾驶仪使无人机不再需要陆基电视屏幕领航，而是按程序飞往盘旋点，然后改变高度飞往下一个目标。新一代的无人机能从多种平台上发射和回收，例如从地面车辆、舰船、航空器、亚轨道飞行器和卫星上发射和回收。地面操纵员可以通过计算机检验无人机的程序，并根据需要改变无人机的航向。其他一些更先进的技术装备，如高级窃听装置、可穿透树叶的雷达、提供化学能力的微型分光计设备等，也被安装到无人机上。

学习目标

(1) 养成良好的学习态度，培养精益求精的工匠精神。

(2) 了解无人机发展历程。

(3) 熟悉无人机的分类。

(4) 认识常见的无人机平台(固定翼平台、旋翼平台、其他平台)。

(5) 了解无人机的管理。

任务 1.1　了解无人机的发展及分类

一、无人机的发展历程

1. 无人机的起源

无人机发展的初期是为了纯粹的军事用途。早期军用无人机如图 1-1 所示。第一次世界大战时期，英国研制的世界第一款无人机被定义为"会飞的炸弹"；第二次世界大战时期，德军已经开始大量应用无人驾驶轰炸机参战；二战后，无人机研发中心出现在美国和以色列，用途延伸至战地侦察和情报搜集，例如无人机被派往朝鲜、越南和海湾战场协助美军和以色列军队作战。在中华人民共和国成立初期，美国多次派出无人机进行情报刺探，于是我国将更多的精力投入军事和科技方面，以扭转落后就要挨打的局面。

无人机的起源

正是由于无人机在侦查方面具有成本低、控制灵活、持续时间长的天然优势，各国军队相继投入大量经费研发无人机系统。

图 1-1　早期军用无人机

2. 无人机的发展

无人机经历了一个世纪的发展后，无论在外形结构上还是在功能用途上都发生了很大的变化。

无人机技术的发展历程可以概括为两个黄金时代，每个时代都伴随着关键技术的突破和应用场景的拓展。

(1) 第一个黄金时代——20 世纪末至 21 世纪初。20 世纪末，无人机技术经历了三次重要的发展浪潮，真正进入了第一个黄金时代。这一阶段的主要推动力来自军事需求的增长和电子技术的飞速进步。

① 第一次浪潮：20 世纪 70、80 年代，无人机在军事侦察领域得到广泛应用。例如，美国的"火蜂"系列无人机在越南战争中发挥了重要作用。

② 第二次浪潮：20 世纪 90 年代，随着 GPS 技术和自动控制系统的成熟，无人机开始具备更高的精度和自主飞行的能力。例如，"捕食者"无人机成为现代察打一体无人机的代表。

③ 第三次浪潮：21 世纪初，无人机在军事领域的应用进一步扩展，同时向民用领域渗透，为后续的爆发式增长奠定了基础。

(2) 第二个黄金时代——2010 年至今。2010 年后，无人机技术迎来了第二个黄金时代。这一阶段的标志是无人机在民用领域的全面普及和低空经济的崛起。

① 技术进步：高能量密度电池、轻量化材料、人工智能和 5G 通信技术的突破，使无人机性能大幅提升。

② 应用拓展：无人机在农业植保、物流配送、地理测绘、应急救援、影视拍摄等领域得到广泛应用，成为推动低空经济发展的重要力量。

③ 政策支持：各国政府陆续出台支持无人机产业发展的政策，例如中国的《无人驾驶航空器飞行管理暂行条例》和美国的"无人机一体化计划"(UAS Integration Plan)，为无人机技术的规范化、规模化应用提供了保障。

3. 无人机的特点

早期的航空技术解决的是无人机能够飞行的问题，而自 20 世纪 80 年代以来现代技术的发展为无人机具备更好的飞行性能、更高的可靠性提供了条件。现代无人机具有以下特点：

(1) 智能化。自主飞控技术、急剧攀升的计算机处理能力推动无人机向智能化发展，使无人机真正成了"会思考"的空中机器人。

(2) 高速带宽。高速宽带网数据链实现了无人机组网和互相连通，无人机编组、空地装备联合成为可能。

(3) 更轻的材料。新型复合材料和高强度轻质合金的应用，显著降低了无人机平台的重量，同时提升了其结构强度和续航能力。

(4) 更高性能的传感器。微机电技术的发展使传感器更加小型化和精确化，为无人机提供了更高精度的姿态控制、环境感知和导航能力，进一步增强了其飞行稳定性和任务执行效率。

(5) 更强的续航能力。电池续航能力的大幅上升以及新能源技术，赋予了无人机更长的飞行时间。

二、无人机的分类

1. 按使用领域分类

按使用领域划分，无人机可分为军用、民用和消费三大类。

1) 军用无人机

军用无人机可以用作侦察无人机、诱饵无人机、电子对抗无人机、通信中继无人机、无人战斗机以及靶机等。军用无人机(如图 1-2 所示)

无人机的分类

是现代空中军事力量的一员，具有无人员伤亡、使用限制少、隐蔽性好、费效比(投入费用与产出效益的比值)高等特点，在现代战争中的地位和作用日渐突出。

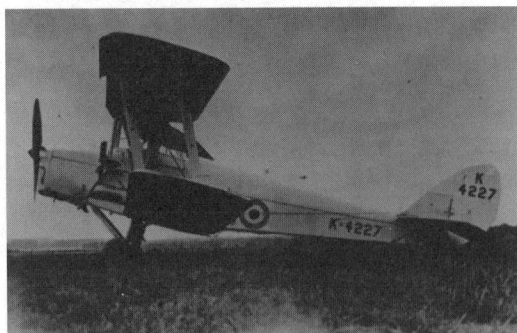

图 1-2　军用无人机

2) 民用无人机

民用无人机(如图 1-3 所示)主要应用在农业植保、快递运输、电力巡检、石油管道巡检、交通监控、治安监控、城市规划、消防救援、灾难救援、野生动物观察、传染病监控、测绘、新闻报道、影视拍摄等领域。2014 年，在用无人机和直升机联合拍摄纪录片《飞越山西》时，无人机拍摄点数量第一次超过了有人机(无人机拍摄点有 300 个，直升机拍摄点有 200 个)。

图 1-3　民用无人机

3) 消费无人机

消费无人机主要包括微型自拍无人机(如图 1-4 所示)、娱乐类无人机和竞技类无人机(用于竞技的穿越机，如图 1-5 所示)。

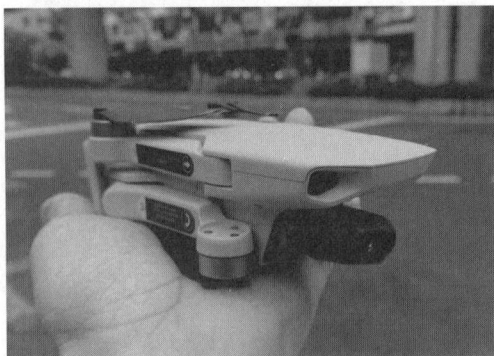

图 1-4　微型自拍无人机　　　　　　　　　　　　图 1-5　竞技穿越机

各类无人机技术性能、应用领域对比如表 1-1 所示。

表 1-1　各类无人机技术性能、应用领域对比

类型	技术要求	技术性能	应用领域
军用无人机	最高	灵敏性高，飞行高度高，飞行航程远，飞行速度快，智能化要求高	侦察、诱饵、电子对抗、通信中继、靶机、无人战斗机
民用无人机	高	飞行速度、飞行高度较低，航程短	农业植保、快递运输、电力巡检、石油管道巡检、交通监控、治安监控、城市规划、消防救援、灾难救援等
消费无人机	一般		航拍、娱乐、竞技

2. 按外观特征分类

按外观特征划分，无人机主要分为四种：固定翼无人机、无人直升机、多旋翼无人机和扑翼机。其中，扑翼机的应用比较少。

1) 固定翼无人机

固定翼无人机比较成熟，其飞行过程非常安全，有自稳定的飞行平台，飞行距离远，执行航程远、大范围、长时间的地图测绘或监控任务有独特优势。因为固定翼无人机起降限制条件太多，不能悬停，巡航条件下速度过快，要求飞行高度相对较高，降落时难度大，所以其在军事应用中很常见，在一般民用场合应用不是太多。固定翼无人机如图1-6 所示。

图 1-6　固定翼无人机

2) 无人直升机

传统无人直升机的优势是起降方便，航速适中，可以做到随时悬停，载荷、续航都能满足一般要求，应用比较广泛，但购机成本较高。无人直升机如图 1-7 所示。

图 1-7　无人直升机

3）多旋翼无人机

多旋翼无人机是一种新型的主流无人机，其优点很明显，如起飞、降落可像无人直升机一样方便，而且技术简单、成本低廉、操作方便、飞行时振动非常小，因此实际应用广泛，但其航时、载重受到限制。多旋翼无人机如图 1-8 所示。

图 1-8　多旋翼无人机

4）扑翼机

扑翼机也被称为仿生物无人机，其机翼能像鸟或昆虫的翅膀那样上下扑动，如图 1-9 所示。

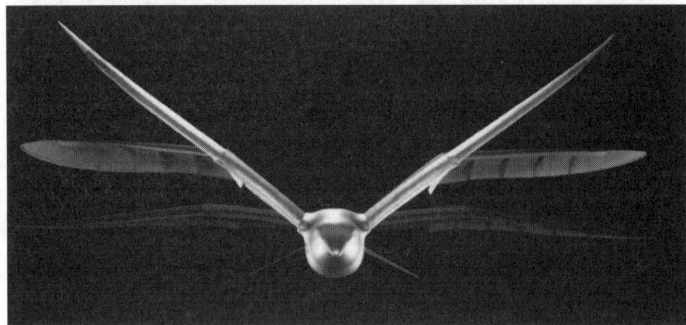

图 1-9　仿生物无人机

3. 按质量大小分类

无人机按照质量大小可分为微型无人机、轻型无人机、小型无人机、大型无人机，具体数据对比如表 1-2 所示。

表 1-2　无人机各类型数据对比

类型	微型	轻型	小型	大型
质量/kg	≤7	7～116	116～5700	≥5700
活动半径	超近程	近程	短程	远程
活动半径尺寸/km	5～15	15～50	50～200	≥800

任务 1.2　探究无人机平台及通信

一、无人机平台

无人机的飞行器平台又称为无人驾驶飞行器，是一种通过自主飞行控制技术实现飞行任务的航空器。常见的飞行器平台包括固定翼平台和旋翼平台。其他的飞行器平台还有扑翼平台、变模态平台等。

1. 固定翼平台

固定翼平台是指机翼固定且重于空气的飞行器平台。固定翼平台由动力装置产生的推力或者拉力使飞行器向前运动，并且使机翼产生升力从而在空中保持一定的高度飞行，如图 1-10 所示。

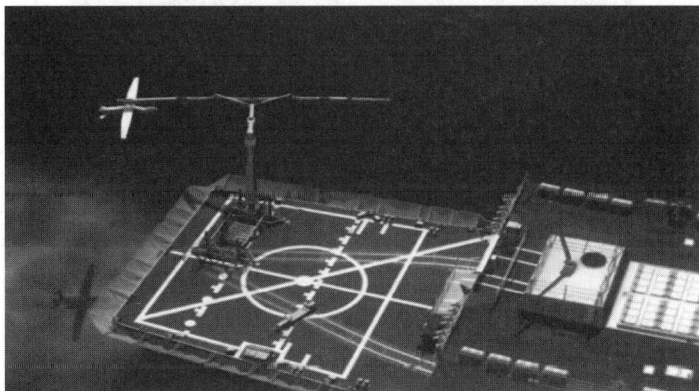

图 1-10　固定翼平台

采用固定翼平台的无人机称为固定翼无人机。除极少数特殊形式的飞机外，常见的固定翼无人机一般由机身、机翼、尾翼、起落架和动力装置(发动机)五部分组成，如图 1-11 所示。

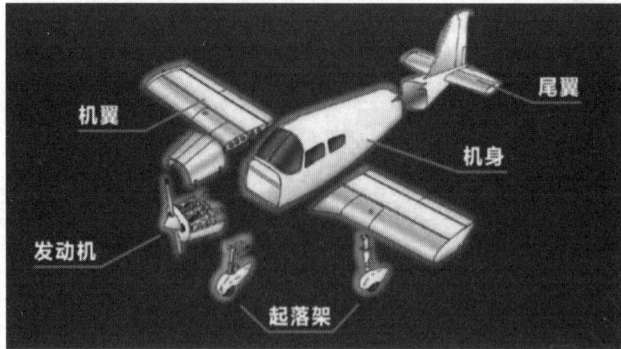

图 1-11　固定翼无人机组成

1) 机身

固定翼无人机机身的主要功能是装载设备、燃料等，同时它还是其他部件安装的基础，即将机翼、尾翼、起落架连接成一架完整的飞机。机身的结构形式有构架式、硬壳式和半硬壳式。机身一般由几个舱组成，由隔框分开，如图 1-12 所示。

图 1-12　固定翼无人机机身

机身的受力构件主要包括内部的骨架、外部的蒙皮、连接的接头。骨架主要由沿飞机纵轴方向分布的桁条、桁梁和垂直于机身纵轴的横向的隔框组成，如图 1-13 所示。

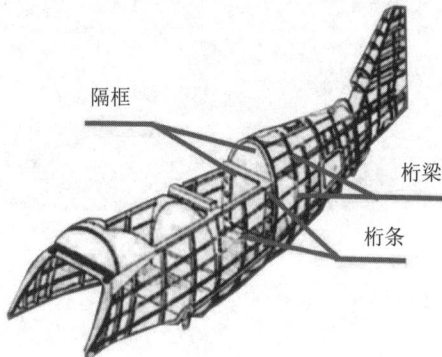

图 1-13　固定翼无人机纵向结构

(1) 机身中桁条的主要作用如下：

① 承受机身弯曲引起的轴向力。

② 对蒙皮起支撑作用，提高蒙皮的受压、受检、受温、临检、引力，如图 1-14 所示。

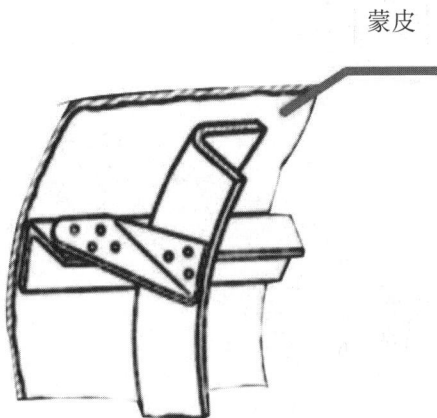

图 1-14 对蒙皮的支撑

③ 承受部分蒙皮上的气动力并传递给隔框，与机翼端的桁条作用相似。

(2) 桁梁的截面积比桁条大，主要安装在机身的主体框架的位置，其作用与桁条相似。

(3) 隔框是机身的横向元件，分为普通隔框和加强隔框。

① 普通隔框。普通隔框的外形一般为环形，主要用于维持机身的截面形状，承受蒙皮的局部载荷，对蒙皮和桁条起支撑作用。隔框间距影响桁条的总体稳定性。当机身为圆截面时，沿机身周围的空气压力为对称分布。这时候空气压力在普通隔框上处于水平衡状态，不会传到机身的其他结构，其内力为环向拉引力。当机身截面有局部接近平直时，普通隔框内就会产生弯曲的内力。此外，普通隔框还受到因机身弯曲变形引起的分布压力。

② 加强隔框。加强隔框分为壁板式加强隔框和环式加强隔框。加强隔框除了具有普通隔框的作用，还能够将装载的设备和其他部件(如机翼、尾翼等)的载荷经连接接头传递到机身结构上，然后以剪流的形式将集中应力传给机身蒙皮，从而将集中应力加以分散。

2) 机翼

机翼的主要功用是产生升力，以支持飞机在空中飞行，同时也起到一定的稳定和操作作用。机翼是由翼梁、纵墙、桁条、翼肋和蒙皮等典型构件组成的。

(1) 翼梁：机翼的主要构件，主要功用是承受机翼的弯矩和剪力。

(2) 纵墙：机翼的主要纵向受力构件。

(3) 桁条：长条形薄壁构件，它与蒙皮和翼肋相连。主要功用是：支撑蒙皮，防止蒙皮在承受局部空气动力时产生过大的局部变形；与蒙皮一起把空气动力传给翼肋。

(4) 翼肋：组成机翼骨架的横向构件，沿弦向布置。翼肋按其构造型式可分为腹板式和桁架式两种，按其功能分为普通翼肋和加强翼肋，如图 1-15 所示。

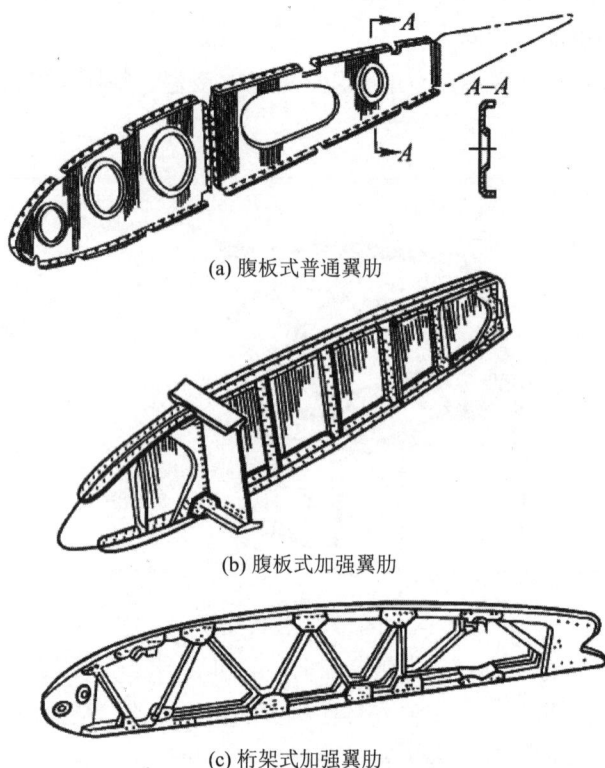

(a) 腹板式普通翼肋

(b) 腹板式加强翼肋

(c) 桁架式加强翼肋

图 1-15　无人机机翼

(5) 蒙皮：分为布质蒙皮和金属蒙皮。布质蒙皮仅在老式飞机和小型飞机的机翼上采用。金属蒙皮广泛用于现代民航飞机的机翼上。按金属蒙皮的构造，可分为单层蒙皮和夹层蒙皮。单层蒙皮一般由包铝板制成，夹层蒙皮通常由铝合金面板与铝蜂窝芯板胶接而成。另外，蒙皮和桁条组合构成机翼壁板。机翼壁板分组合式和整体式两种，如图 1-16 所示。

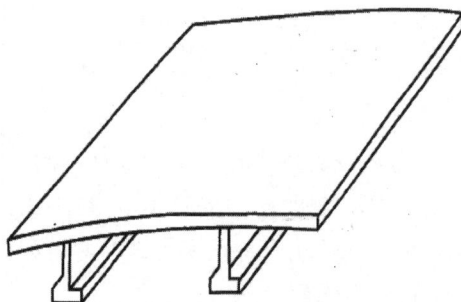

图 1-16　整体壁板蒙皮

3) 尾翼

尾翼的主要功能是稳定和操纵固定翼无人机俯仰及偏转。尾翼由水平尾翼和垂直尾翼两部分组成。水平尾翼水平安装在机身尾部，由固定的水平安定面及其后的可转动的升降舵组成；垂直尾翼垂直安装在机身尾部，由固定的垂直安定面及其后的可转动的方向舵组成。

4) 起落架

起落架的主要功能是支撑无人机在地面上的活动，包括起飞和着陆滑跑、滑行、停放。陆上无人机的起落架一般由支柱、减震器、机轮(含刹车装置)和收放机构等组成。受力支柱、减震器、机轮等部件按不同的组合方式，可以构成不同的起落架形式。常见的起落架有构架式、支柱套筒式和摇臂式三类。

(1) 构架式起落架。这种起落架的受力支柱与减震器合为一体。

(2) 支柱套筒式起落架。这种起落架与构架式起落架的组成相似，但有收放系统。

(3) 摇臂式起落架。这种起落架的减震器与受力支柱分开，机轮则通过摇臂与受力支柱和减震器相连。

5) 动力装置(发动机)

动力装置的主要功能是产生拉力(螺旋桨式)或推力(喷气式)，使无人机产生相对空气的运动。

2. 旋翼平台

采用旋翼平台的无人机主要包括无人直升机和多旋翼无人机。

1) 无人直升机

无人直升机的外形和结构与有人直升机相同，如图 1-17 所示。无人直升机一般采用无线电地面遥控飞行或者自主控制飞行，由发动机来驱动旋翼提供升力，旋翼还能够驱动无人直升机倾斜来改变方向。无人直升机可以实现垂直起飞和降落，具有独特的飞行性能和使用价值。

在军用方面，无人机可以执行侦查、监视、目标截获、诱饵、攻击、通信中继等任务；在民用方面，无人机在大气测量、交通监控、资源勘探、电力线路检测、森林防火等方面具有广泛的应用前景。

图 1-17 无人直升机

无人直升机主要由直升机的本体、控制与导航系统、综合无线电系统、任务载荷设备等组成。

(1) 直升机的本体主要包括旋翼、尾桨、机体、操纵系统、动力装置等。其中，无人机的旋翼是该类型无人机的独特装置，主要由叶片和旋翼头组成，如图 1-18 所示。

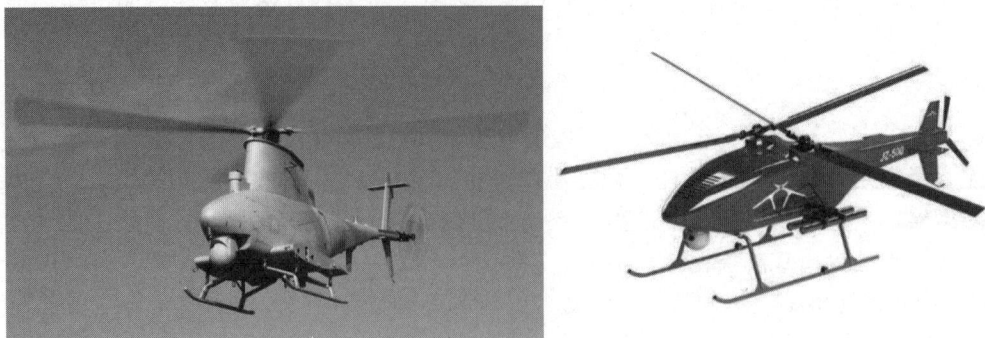

图 1-18　无人直升机的旋翼

(2) 控制与导航系统包括地面控制站、机载姿态传感器、飞控计算机、定位与导航设备、飞行监控及显示系统。控制与导航系统是无人机中的关键部分，也比较复杂。

(3) 综合无线电系统由无线电传输、通信设备，机载数据终端，地面数据终端，天线，天线控制设备等组成。

(4) 无人机的任务载荷设备是指安装在无人机上，用于完成特定任务的各种设备。任务载荷设备的类型多种多样。例如：在航拍领域，相机和云台就是常见的任务载荷设备，它们可以拍摄出高分辨率的照片和视频，为影视制作、地理测绘、新闻报道等提供重要的图像资料；在农业领域，多光谱相机等设备可以用来监测农作物的生长状况、检测病虫害等；在应急救援领域，热成像相机能够在夜间或恶劣环境下搜索失踪人员。

2) 多旋翼无人机

多旋翼无人机是一种具有三个及以上旋翼轴的无人机，通过每个旋翼轴上的电动机转动带动旋翼，从而产生升力与推力。多旋翼无人机旋翼的总距是固定的，不像一般的无人直升机可以变化(通过改变不同旋翼之间的相对转速，可以改变单轴推进力的大小，控制行动轨迹)。多旋翼无人机如图 1-19 所示。

图 1-19　多旋翼无人机

多旋翼无人机是目前常见的无人机种类，它能够轻松完成垂直起降、自动悬停等动作，具有操作简单、成本较低等特点，所以广泛应用于航拍、巡线、植保等领域。多旋翼无人机可以根据旋翼的数量分为四旋翼无人机、六旋翼无人机以及八旋翼无人机等，其组成主要包括结构系统、动力系统、飞控系统和机载链路系统。

3. 其他飞行器平台

1) 扑翼平台(扑翼机)

扑翼机又称振翼机，其机翼能像鸟或昆虫翅膀那样上下扑动，使重于空气的飞行器能够进行飞行。扑动的机翼不仅能够产生升力，还能够产生向前的推力，如图 1-20 所示。

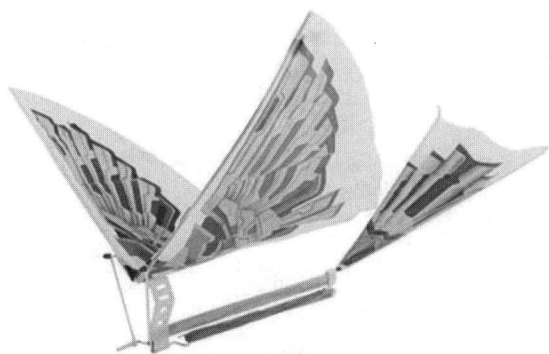

图 1-20　扑翼机

15 世纪，意大利的达·芬奇绘制过扑翼机的草图。1930 年，一架意大利的扑翼机模型进行过试飞。此后出现过多种扑翼机的设计方案，但由于控制技术、材料和结构方面的问题一直未能解决，扑翼机仍停留在模型制作和设想阶段，如图 1-21 所示。

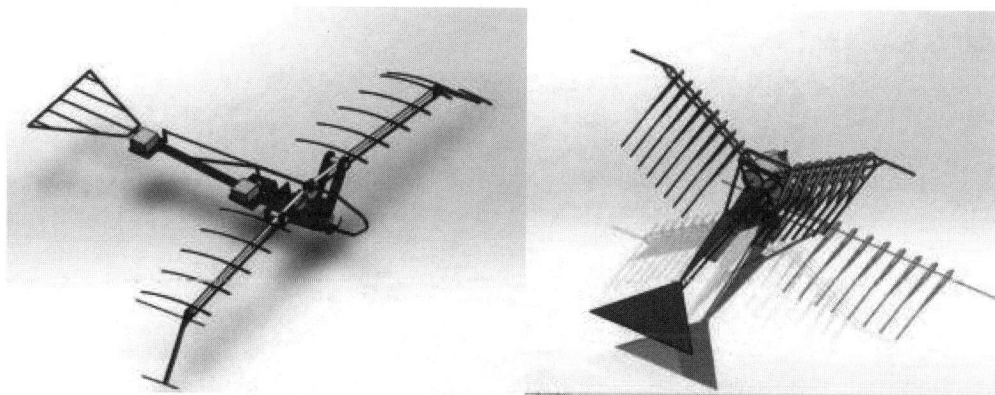

图 1-21　扑翼机设计图

1878 年，英国伦敦博览会上首次展示了两架扑翼机。当时考夫曼设计的带有蒸汽机的扑翼机方案引起了人们的极大兴趣；英国人哈尔格莱夫制成了一架带有发动机的扑翼机实用模型；德国人李林塔尔研制的扑翼机上装了一台小型发动机，为人力提供辅助力量。他们的理论和实践成为扑翼机发展史上重要的里程碑。各种形式的扑翼机模型如图1-22 所示。

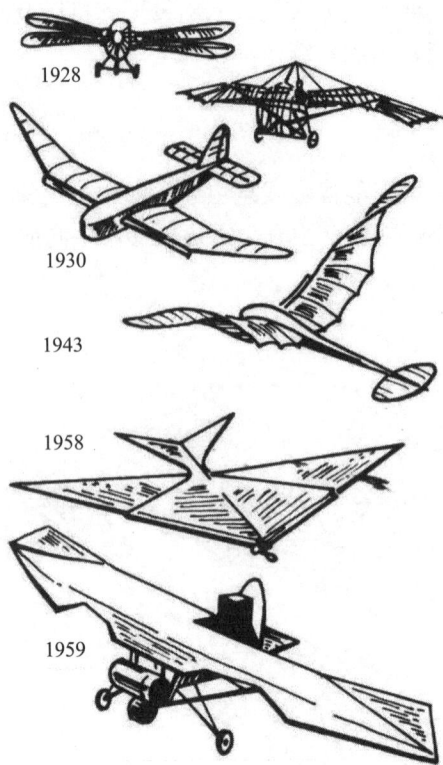

图 1-22　各种形式的扑翼机模型

　　随着现代电子计算机、新型复合材料、控制技术等高科技领域的迅速发展，扑翼机的研制也有了新的基础。加拿大多伦多大学航空研究院的詹姆斯·德劳里埃教授经过 30 年的研究，于 1996 年设计出一架载人扑翼机，取名"大鸭掌"(Big Flapper)，然后进行了多次试飞和修理，如图 1-23 所示。

图 1-23　多伦多大学教授德劳里埃试飞扑翼机模型

　　2011 年，科技公司 Festo 的科学家研制出的一款既能够模拟鸟类飞行也能够逼真地扑动翅膀的机器鸟，称为 SmartBird。研究称，扑翼形式无法让飞机产生向上的动力，但是该类鸟飞行器可以如真正的鸟儿一样起飞降落，也算是扑翼机的终极之作，如图 1-24 所示。

图 1-24 SmartBird 扑翼机

2) 变模态平台(变模态无人机)

目前，比较典型的变模态无人机是垂直起降固定翼无人机，如图 1-25 所示。

图 1-25 垂直起降固定翼无人机

垂直起降固定翼无人机同样具有旋翼和固定翼的功能。当旋翼在垂直位置时，相当于无人直升机，可以进行垂直起降、悬停、低速、空中盘旋等飞行动作；当旋翼旋转到水平位置时，相当于固定翼无人机，可以实现快速巡航。

二、无人机通信

无人机系统主要分为三大部分：地面站、飞控计算机以及无线通信链路。下面介绍无人机无线通信链路系统。

1. 通信链路的认知

通信网络中两个结点之间的物理通道称为通信链路。无人机系统中的通信链路也常被称为数据链。无线通信链路系统是无人机系统的重要组成部分，其主要任务是建立一个空地双向数据传输通道，用于完成地面控制站对无人机的远距离遥控、遥测和任务信息传输。遥控实现对无人机和任务设备的远距离操作；遥测实现无人机状态的监测；任务信息传输则通过下行无线信道向测控站传送由机载任务传感器所获取的视频、图像等信息，是无人机完成任务的关键，传输质量的好坏直接关系到发现和识别目标的能力。无人机通信链路系统如图 1-26 所示。

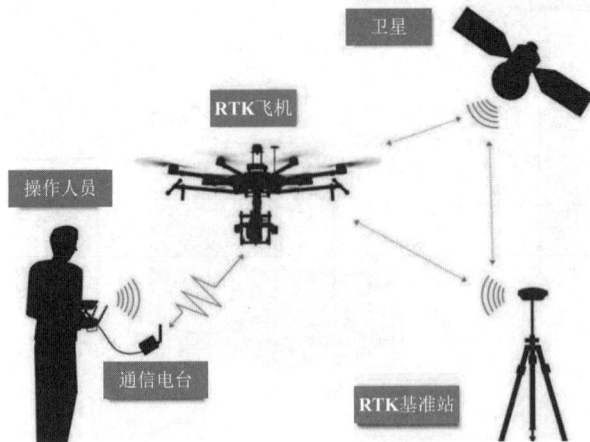

图 1-26   无人机通信链路系统

1) 通信链路的分类

(1) 根据通信链路的连接方法，可把通信链路分为两种：点对点连接通信链路，这时的链路只连接两个结点；多点连接链路，指用一条链路连接多个结点(结点数大于 2 个)。

(2) 根据通信方式不同，可把通信链路分为单向通信链路和双向通信链路。民用无人机系统一般使用点对点的双向通信链路，也有部分无人机系统使用单向下传链路。

2) 通信频率

无人机通信链路需要使用无线电资源，目前世界上无人机使用的频谱主要集中在 UHF、L 和 C 波段，其他频段也有零散分布。2023 年 12 月，我国工业和信息化部印发《民用无人驾驶航空器无线电管理暂行办法》，明确规定了通过直连通信方式实现遥控、遥测、信息传输功能的民用无人驾驶航空器通信系统无线电台应当使用下列全部或部分频率：1430～1444 MHz、2400～2476 MHz、5725～5829 MHz。其中，1430～1444 MHz 频段仅用于民用无人驾驶航空器遥测与信息传输下行链路；1430～1438 MHz 频段专用于警用无人驾驶航空器通信系统或警用直升机；1438～1444 MHz 频段用于其他单位和个人民用无人驾驶航空器通信系统。

此外，民用无人驾驶航空器通信系统无线电台使用 1430～1444 MHz 频段的，应当向频率使用地省（自治区、直辖市）无线电管理机构申请取得无线电频率使用许可和无线电台执照，并按规定缴纳无线电频率占用费。民用无人驾驶航空器通信系统无线电台使用 2400～2476 MHz、5725～5829 MHz 频段，以及地面公众移动通信系统频率的，无须取得无线电频率使用许可；相关无线电台参照地面公众移动通信终端管理，无须取得无线电台执照。

微型民用无人驾驶航空器通信系统实现遥控、遥测和信息传输功能，只能使用 2400～2476 MHz、5725～5829 MHz 频段，其无线电发射设备射频技术指标要求应当按照"微功率短距离管理的民用无人驾驶航空器通信系统无线电发射设备技术要求"执行。

3) 数据链设备

数据链设备主要由测控管理器、发射机及接收机组成。测控管理器负责地面遥控与遥测数据的融合与处理，管理无线电发射与接收时序，使遥控与遥测能同步协调工作。发射机和接收机由无线电测控电台及天线构成，其中无线电测控电台采用双工数传电台，负责遥控指令的发射与遥测数据的接收。

4) 机载链路设备

机载链路设备是指无人机上用于通信链路的电子设备，也称机载电台。机载电台一般由发信机、收信机、天线、控制盒、电源等组成。发信机和收信机是电台的主体，一般安装在飞机电子舱或靠近天线处，通过电缆与控制盒连接。视距内通信的无人机多数安装有全向天线，需要进行超视距通信的无人机一般采用自跟踪抛物面卫通天线。

5) 地面链路设备

民用通信链路的地面终端硬件一般会被集成到控制站系统中，称作地面电台。部分地面终端会有独立的显示控制界面。视距内通信链路地面天线采用鞭状天线、八木天线和自跟踪抛物面天线，需要进行超视距通信的控制站还会采用固定卫星通信。

6) 衡量无人机数据链是否健壮的几个特征

(1) 具有跳频扩频功能。跳频组合越高，抗干扰能力越强，一般的设备能做到几十、几百个跳频组合，性能优异的设备能做到 6 万个跳频组合。

(2) 具有存储转发功能。

(3) 具有数据加密功能，使得数据传输的可靠性提高，防止数据泄密。常见的加密方式有 DES、AES 等。

(4) 具有高速率。无人机数据链属于窄带远距离传输的范畴，115 200 b/s 的数据速率即属于高速率。

(5) 具有低功耗、低误码率和高接收灵敏度。由于无人机采用电池供电，而且传输距离又远，因此要求设备的功耗低(即低发射功率)、接收灵敏度高(灵敏度越高，传输距离越远)。

2. 无人机通信的关键技术

无人机与地面计算机、遥控设备与地面计算机存在着大量的数据交换，这些数据通过一定的方式和规则进行传输，将无人机系统连接成为一个整体。无人机与地面控制站数据通信的目的是传递地面遥控指令及控制参数，获取飞行状态信息和传感器信息。通信技术在无人机系统中扮演着非常重要的作用，是无人机对外联系的神经网络，维系着空中的无人机与地面站之间的信息交换。因此，提供有效可靠的通信技术，是无人机系统的核心所在。无人机的工作一般都是通过地面遥控设备进行控制，也有通过手机 App 方式控制的。其中，手机 App 控制的模式无法单独发送遥控指令，必须协同数传、图传的方式发送；遥控设备则可单独发送遥控指令。无人机无线控制信号如图 1-27 所示。

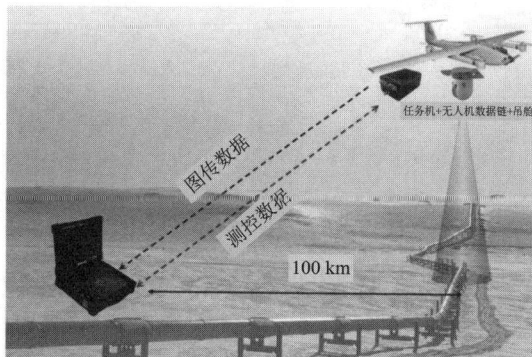

图 1-27　无人机无线控制信号

通常，无人机的无线控制信号分为三类：遥控器信号、数据传输信号、图像传输信号。在航模领域有很多成熟的专业做遥控器的厂家，如 FUTABA、JR 等，多数采用 2.4 G 无线通信芯片。由于通信数据量不大，因此延时极低，主要关注信号的稳定性和操作的实时性，一般可靠的通信距离在 1 km 左右。数据和图像传输的方案多种多样，通常分为 WiFi 传输、模拟信号传输或自己研发传输硬件。WiFi 的通信距离可以是 600～800 m，通常要经过中继放大；WiFi 的缺点是受带宽限制，通常图像的质量会比较差，延时也比较长。另外的解决方案是，通过 5.8 G 的模拟信号图像传输，虽图像延时短但质量较差，同时不方便接入手机、平板等数字系统。如 DJI 这样的公司，由于有较强的研发实力，因此可以做自己的图像数据传输硬件，能够保证 1～2 km(理想环境 5 km)的可靠 720P 高清图像数据传输，延时可以控制在 0.3 s 以内。

3. 无线遥控

无线遥控是指实现对被控目标的非接触遥远控制，在工业控制、航空航天、家电领域应用广泛。无线遥控和无线传输系统与有线和红外设备相比，提高了移动自由度，因此在工业领域的应用越来越多；相对电缆连线，其优点在于安装成本低(无须布线，不用地下工程，没有电缆槽)，提高了灵活性并降低了维护成本。无线遥控医护仪如图 1-28 所示。

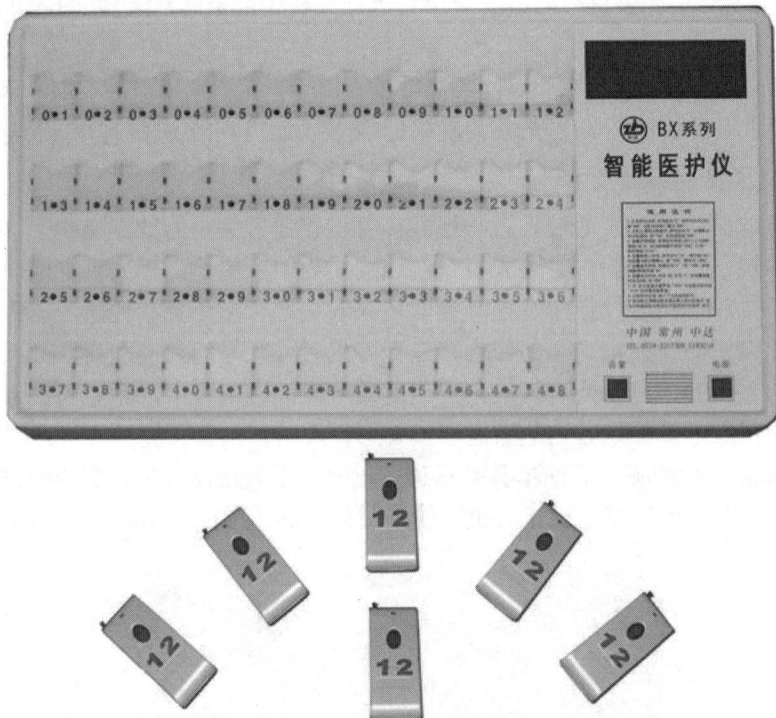

图 1-28   无线遥控医护仪

无线遥控技术在生活中已得到广泛应用，常用于车辆防盗系统、家庭防盗系统和其他电器遥控装置上。随着学生科技制作的开展，无线遥控技术也成为机器人大赛等重要学生科技活动的必选组件之一。在近几届高校机器人大赛上，使用无线遥控电路的队伍已过八成，足见其重要性。无线遥控机器人如图 1-29 所示。

图 1-29　无线遥控机器人

无线遥控系统的分类方法很多，主要有以下几种：

(1) 按传输控制指令信号的载体划分，可分为无线电遥控、红外线遥控、超声波遥控；

(2) 按信号的编码方式划分，可分为频率编码和脉冲编码；

(3) 按传输通道数划分，可分为单通道遥控和多通道遥控；

(4) 按同一时间能够传输的指令数目划分，可分为单路遥控和多路遥控；

(5) 按指令信号对被控目标的控制技术划分，可分为开关型遥控和比例型遥控。

遥控系统一般由发射器和接收器两部分组成。发射器一般由指令键、指令编码电路、调制电路、驱动电路、发射电路等组成。指令编码电路产生相应的指令编码信号，调制电路对载体进行调制，再经驱动电路进行功率放大后由发射电路向外发射。接收器一般由接收电路、放大电路、解调电路、指令译码电路、驱动电路和执行电路组成。接收电路接收发射器发射的已调制指令编码信号，并进行放大后送解调电路。解调电路将调制的编码进行解调，即还原为编码信号。指令译码电路将指令编码信号进行译码，最后由驱动电路来驱动执行电路实现各种指令的操作。无线遥控翻页笔如图 1-30 所示。

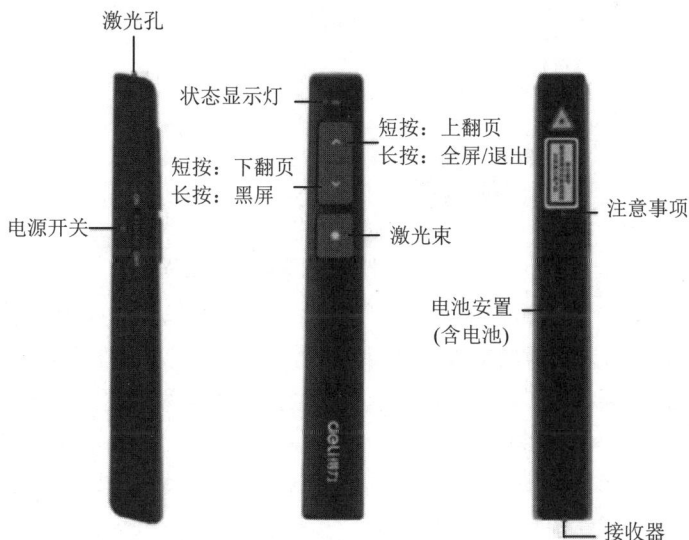

图 1-30　无线遥控翻页笔

一个完整的遥控电路由发射部分和接收部分组成。无线电发射部分一般由一个能产生等幅振荡的高频载频振荡器和一个产生低频调制信号的低频振荡器组成。用来产生高频载频振荡的电路一般有多谐振荡器、互补振荡器和石英晶体振荡器等。由低频振荡器产生的低频调制波一般为宽度一定的方波。如果是多路控制，可以采用每一路宽度不同的方波或频率不同的方波去调制高频载波，组成已调制波，作为控制信号向空中发射。图 1-31 所示为信号接收器。

图 1-31　信号接收器

按工作方式分，接收电路可以分成超外差接收方式和超再生接收方式。超外差接收方式的原理是，利用本地产生的振荡波与输入信号混频，将输入信号频率变换为某个预定的频率。单声道超外差式调幅接收电路框图如图 1-32 所示。其优点是，容易得到足够大且比较稳定的放大量，具有较高的选择性和较好的频率特性，容易调整。缺点是，电路比较复杂，同时也存在着一些特殊的干扰，如像频干扰、组合频率干扰、中频干扰等。

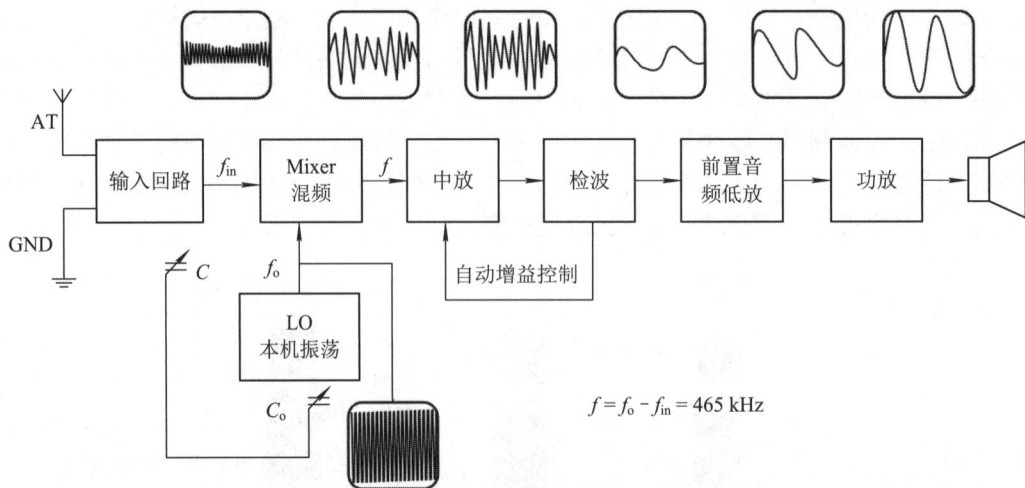

$$f = f_o - f_{in} = 465 \text{ kHz}$$

图 1-32　单声道超外差式调幅接收电路框图

超再生电路实际上是一个受间歇振荡控制的高频振荡器。这个高频振荡器采用电容三点式振荡器，振荡频率和发射器的发射频率相一致。间歇振荡是在高频振荡过程中产生的，反过来又控制着高频振荡器的振荡和间歇。间歇振荡的频率是由电路的参数决定的。这个频率选低了，电路的抗干扰性能就好，但接收灵敏度降低；相反，频率选高了，电路的抗干扰性能就变差，但接收灵敏度较好。超再生式接收方式具有电路简单、性能适中、成本低廉的优点，所以在实际中被广泛采用。

4. 无线网络

无线网络是指无须布线就能实现各种通信设备互联的网络。无线网络技术涵盖的范围很广，既包括允许用户建立远距离无线连接的全球语音和数据网络，也包括为近距离无线连接进行优化的红外线及射频技术。无线信号常见表示方式如图 1-33 所示。

图 1-33 无线信号常见表示方式

无线网络是对用无线电技术传输数据的网络的总称。根据网络覆盖范围、网络应用场合和网络架构的不同，可以将无线网络划分为无线广域网、无线局域网、无线城域网和无线个人局域网。

无线广域网基于移动通信基础设施，由网络运营商，例如中国移动、中国联通等经营，并负责一个城市所有区域甚至一个国家所有区域的通信服务。

无线局域网是用于在短距离范围内实现无线通信接入功能的网络，它的网络连接能力非常强大。无线局域网如图 1-34 所示。无线局域网以 IEEE 802.11 技术标准为基础，这也就是所谓的 WiFi 网络。

无线广域网和无线局域网并不是完全互相独立的，它们可以结合起来并提供更加强大的无线网络服务。无线局域网可以让接入用户共享到局域之内的信息，而通过无线广域网就可以让接入用户共享到局域之外的信息。

无线城域网可以让接入用户访问到固定场所的无线网络，即将一个城市或者地区的多个固定场所连接起来。

无线个人局域网是用户个人将所拥有的便携式设备通过通信设备进行短距离无线连接的无线网络。

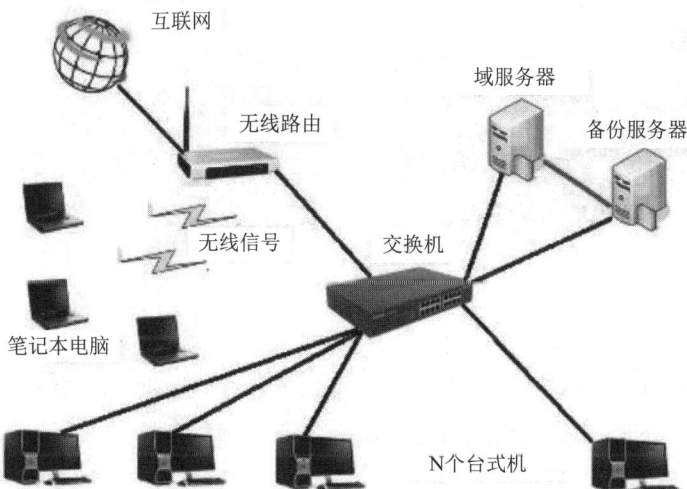

图 1-34 无线局域网

无线网络的特点如下：

(1) 可移动性强，能突破时空的限制。无线网络是通过发射无线电波来传递网络信号的，只要处于发射的范围之内，人们就可以利用相应的接收设备来实现对相应网络的连接。

这极大地摆脱了空间和时间方面的限制，是传统网络所无法做到的。

(2) 网络扩展性能相对较强。无线网络突破了有线网络的限制，可以随时通过无线信号进行接入；其网络扩展性能相对较强，可以有效实现网络工作的扩展和配置等。

(3) 设备安装简易、成本低廉。通常，安装有线网络的过程是较为复杂烦琐的，有线网络除了要布置大量的网线和网线接头，其后期的维护费用也非常高。而无线网络则无须布设大量的网线，安装一个无线网络发射设备即可；同时这也为后期网络维护创造了非常便利的条件，极大地降低了网络前期安装和后期维护的成本费用。无线路由器如图 1-35 所示，智能网关如图 1-36 所示。

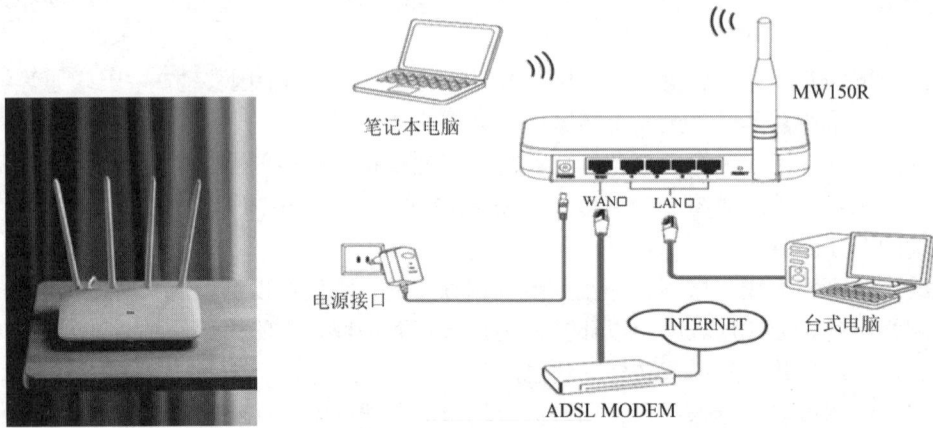

图 1-35　无线路由器

图 1-36　智能网关

5. 无线传输

无线传输(Wireless Transmission)是指利用无线技术进行数据传输的一种方式。无线传输和有线传输是对应的。随着无线技术的发展，无线传输技术越来越被各行各业所接受。比如，因安装方便、灵活性强、性价比高等特性，更多行业的监控系统采用了无线传输方式，建立被监控点和监控中心之间的连接。无线监控技术已经在现代化交通指挥、运输、水利、航运、铁路、治安、消防、边防检查站、森林防火、公园、景区、工业厂区、居民区等的监控系统中得到了广泛的应用。

无线传输分为模拟微波传输和数字微波传输。

1) 模拟微波传输

模拟微波传输就是把视频信号直接调制在微波的信道上(微波发射机，如 HD-630)，通过天线(HD-130OLXB)发射出去，监控中心通过天线接收微波信号，然后再通过微波接收机(Microsat 600AM)解调出原来的视频信号。模拟微波传输系统如图 1-37 所示。

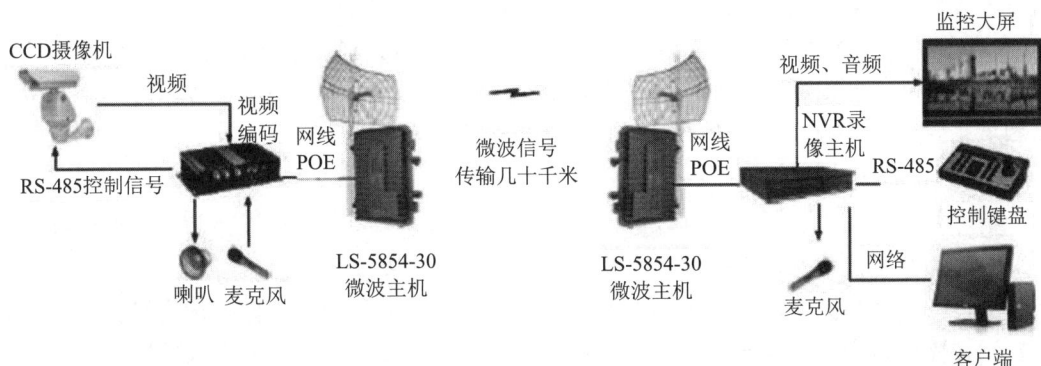

图 1-37　模拟微波传输系统

2) 数字微波传输

数字微波传输就是先把视频信号进行编码压缩(HD-6001D)，然后通过数字微波(HD-9500)信道调制，再通过天线发射出去。接收端则相反，天线接收微波信号，先解扩，再对视频编码解压缩，最后还原模拟的视频信号；也可在微波信号解扩后通过计算机安装的相应解码软件来解压缩视频。计算机还支持录像、回放、管理、云镜控制、报警控制等功能。数字微波传输系统如图 1-38 所示。

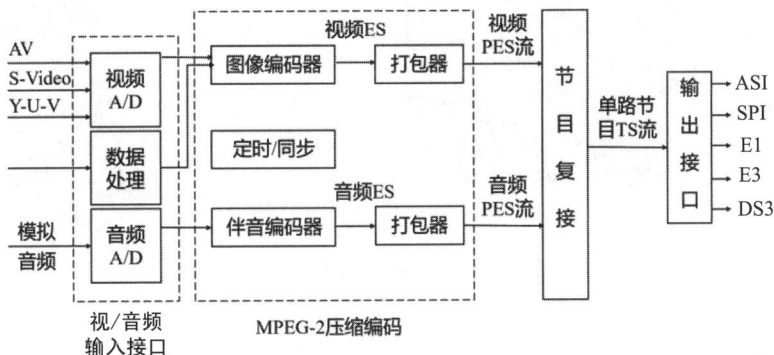

图 1-38　数字微波传输系统

图 1-38 中，ES 表示基本码流，PES 表示 ES 流经过打包器处理后形成的数据流，TS表示多个 PES 组合而成的数据流，ASI(异步串行接口)和 SPI(同步串行接口)是传输流数据信号接口，E1、E3、DS3 均是数字通信接口分路器。

3) 无线传输的优势

无线传输的优势如下：

(1) 综合成本低，性能更稳定。

(2) 组网灵活，可扩展性好，即插即用。管理人员可以迅速将新的无线监控点加入现有网络中，不需要为新建传输铺设网络、增加设备，从而轻而易举地实现远程无线监控。

(3) 维护费用低。无线监控维护由网络提供商维护，前端设备是即插即用、免维护系统。

(4) 无线监控系统是监控和无线传输技术的结合，它可以将不同地点的现场信息实时通过无线通信手段传送到无线监控中心，并且自动形成视频数据库，便于日后的检索。

(5) 在无线监控系统中，无线监控中心可以实时得到被监控点的视频信息，并且该视频信息是连续、清晰的。在无线监控点，通常使用摄像头对现场情况进行实时采集，摄像头通过无线视频传输设备，由无线电波将数据信号发送到监控中心。

6. 遥控器

遥控器是无人机系统中地面端的重要部件，能将飞手的操作指令传向飞行器并接收天空端回传的信息，从而使操作飞行平台以及任务设备完成预定的动作指令。

遥控器实现与无人机通信的功能需要两部分配合完成，即发射器与接收机。遥控器上的控制杆操作转为无线电波发送给接收机，接收机通过接收无线电波读取遥控器上控制杆的操作，并转为数字信号发送到无人机的控制器中。

遥控器分为板型控制器(简称板控)和枪型控制器(简称枪控)两类，二者在外观和功能上均有不同，如图 1-39 所示。

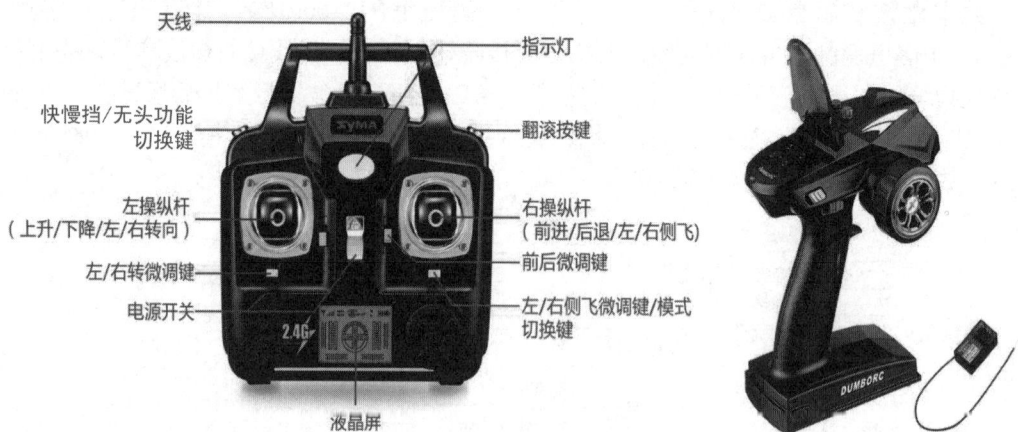

图 1-39   无人机板型控制器和枪型控制器

下面介绍大疆典型无人机遥控器。

1) DJI RC-N2 遥控器

DJI RC-N2 遥控器示意及功能键如图 1-40 所示。

① 电源按键：短按查看遥控器电量；短按一次，再长按 2 s 开启/关闭遥控器电源。

② 飞行挡位切换开关：用于切换运动(Sport)、普通(Normal)与平稳(Cine)模式。

③ 急停/智能返航按键：短按使飞行器紧急刹车并原地悬停(GNSS 或视觉系统生效时)；长按启动智能返航，再短按一次取消智能返航。

④ 电量指示灯：指示当前电量。

⑤ 摇杆：可拆卸，便于收纳。可在 DJI Fly App 中设置摇杆操控方式。

⑥ 自定义按键：默认单击使云台回中或朝下。可在 DJI Fly 相机界面→系统设置→操

控→遥控器自定义按键页面将它设置为其他功能。

⑦ 拍照/录像切换按键：短按一次切换拍照或录像模式。

⑧ 遥控器转接线：分别连接移动设备接口与遥控器图传接口，实现图像及数据传输。可根据移动设备接口类型自行更换。

⑨ 移动设备支架：用于放置移动设备。

⑩ 天线：传输飞行器控制和图像无线信号。

⑪ 充电/调参接口(USB-C)：用于遥控器充电或连接遥控器至电脑。

⑫ 摇杆收纳槽：用于放置摇杆。

⑬ 云台俯仰控制拨轮：调整云台俯仰角度。按住自定义按键并转动云台俯仰控制拨轮可控制相机变焦。

⑭ 拍照/录像按键：短按切换拍照或录像模式。

⑮ 移动设备凹槽：用于固定移动设备。

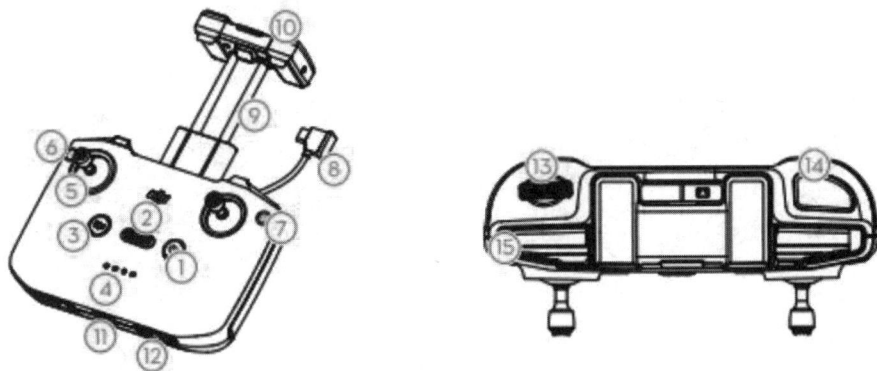

图 1-40 DJI RC-N2 遥控器示意及功能键

2) DJI RC-2 遥控器

DJI RC-2 遥控器示意及功能键如图 1-41 所示。

① 摇杆：控制飞行器飞行，在 DJI Fly App 中可设置摇杆操控方式。它可拆卸，便于收纳。

② 天线：传输飞行器控制和图像无线信号。

③ 状态指示灯：显示遥控器的系统状态。

④ 电量指示灯：显示当前遥控器电池电量。

⑤ 急停/智能返航按键：短按使飞行器紧急刹车并原地悬停(GNSS 或视觉系统生效时)；长按启动智能返航，再短按一次取消智能返航。

⑥ 飞行挡位切换开关：用于切换平稳(Cine)、普通(Normal)与运动(Sport)模式。

⑦ 电源按键：短按查看遥控器电量；短按一次，再长按 2 s 开启/关闭遥控器电源。当开启遥控器时，短按可切换息屏和亮屏状态。

⑧ 触摸显示屏：可点击屏幕进行操作。使用时要注意为屏幕防水(如下雨天时避免雨水落到屏幕)，以免进水导致屏幕损坏。

⑨ 充电/调参接口(USB-C)：用于遥控器充电或连接遥控器至电脑。

⑩ microSD 卡槽：可插入 microSD 卡。

⑪ 云台俯仰控制拨轮：拨动调节云台俯仰角度。

⑫ 录像按键：开始或停止录像。

⑬ 相机控制拨轮：默认控制相机平滑变焦。可在 DJI Fly 相机界面→系统设置→操控→遥控器自定义按键页面将它设置为其他功能。

⑭ 对焦/拍照按键：半按可进行自动对焦，全按可拍摄照片。在录像模式时，短按返回拍照模式。

⑮ 扬声器：输出声音。

⑯ 摇杆收纳槽：用于放置摇杆。

⑰ 自定义功能按键 C2：默认开启/关闭补光灯。可在 DJI Fly 相机界面→系统设置→操控→遥控器自定义按键页面将它设置为其他功能。

⑱ 自定义功能按键 C1：默认云台回中/朝下切换功能。可在 DJI Fly 相机界面→系统设置→操控→遥控器自定义按键页面将它设置为其他功能。

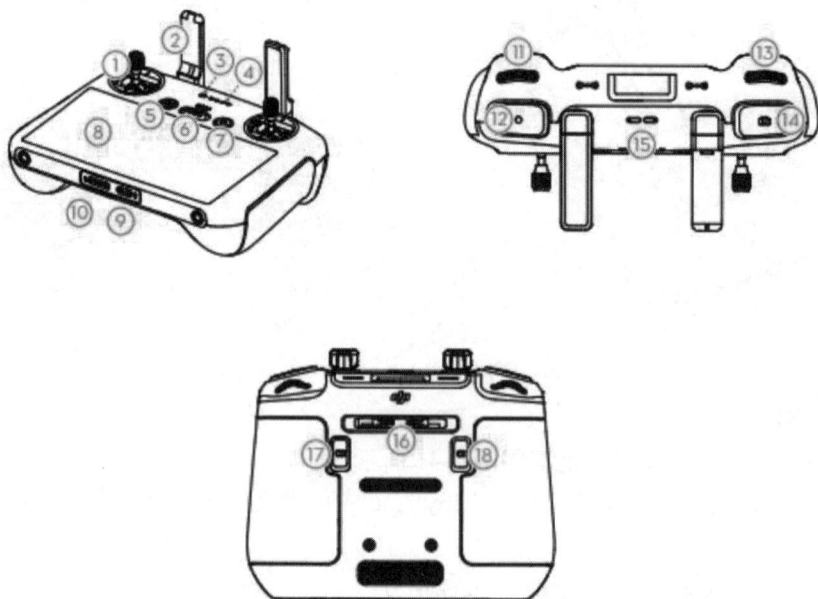

图 1-41　DJI RC-2 遥控器示意及功能键

3) DJI 御 Mini 2 遥控器

DJI 御 Mini 2 遥控器示意及功能键如图 1-42 所示。

① 电源按键：短按查看遥控器电量；短按一次，再长按 2 s 开启/关闭遥控器电源。

② 飞行挡位/模式切换开关：用于切换运动(Sport)、普通(Normal)与平稳(Cine)模式。

③ 急停/智能返航按键：短按使飞行器紧急刹车并原地悬停(GPS 或视觉系统生效时)；长按启动智能返航，再短按一次取消智能返航。

④ 电量指示灯：指示当前电量。

⑤ 摇杆：可拆卸，便于收纳。可在 DJI Fly App 中设置摇杆操控方式。

⑥ 自定义按键：默认单击使云台回中或朝下。可通过 DJI Fly App 设置该按键功能。

⑦ 拍照/录像切换按键：短按一次切换拍照或录像模式。

⑧ 遥控器转接线：分别连接移动设备接口与遥控器图传接口，实现图像及数据传输。可根据移动设备接口类型自行更换。

⑨ 移动设备支架：用于放置移动设备。

⑩ 天线：传输飞行器控制和图像无线信号。

⑪ 充电/调参接口(USB-C)：用于遥控器充电或连接遥控器至电脑。

⑫ 摇杆收纳槽：用于放置摇杆。

⑬ 云台俯仰控制拨轮：用于调整云台俯仰角度。按住自定义按键并转动云台俯仰控制拨轮可在录像模式下调节变焦。

⑭ 拍摄按键：短按切换拍照或录像模式。

⑮ 移动设备凹槽：用于固定移动设备。

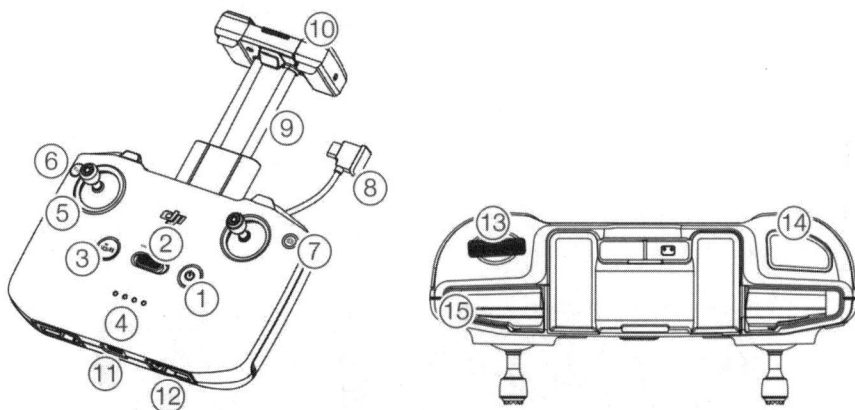

图 1-42　DJI 御 Mini 2 遥控器示意及功能键

4) 摇杆模式的区别

遥控器摇杆常见的操控模式分为日本手、美国手和中国手，具体区别如表 1-3 所示。

表 1-3　摇杆模式对比

项　　目	日本手	美国手	中国手
左摇杆上下方向	前后	前后	前后
左摇杆左右方向	转向	转向	转向
右摇杆上下方向	升降	升降	升降
右摇杆左右方向	左右	左右	左右

以 DJI 御 Mini 2 遥控器为例，美国手模式示意如图 1-43 所示。美国手模式的操作说明如下：

(1) 左摇杆上下用于控制飞行器升降；左摇杆左右用于控制飞行器航向。

(2) 右摇杆上下用于控制飞行器前后飞行；右摇杆左右用于控制飞行器左右飞行。

左摇杆

上升

下降

右摇杆

前

后

左转   右转

左   右

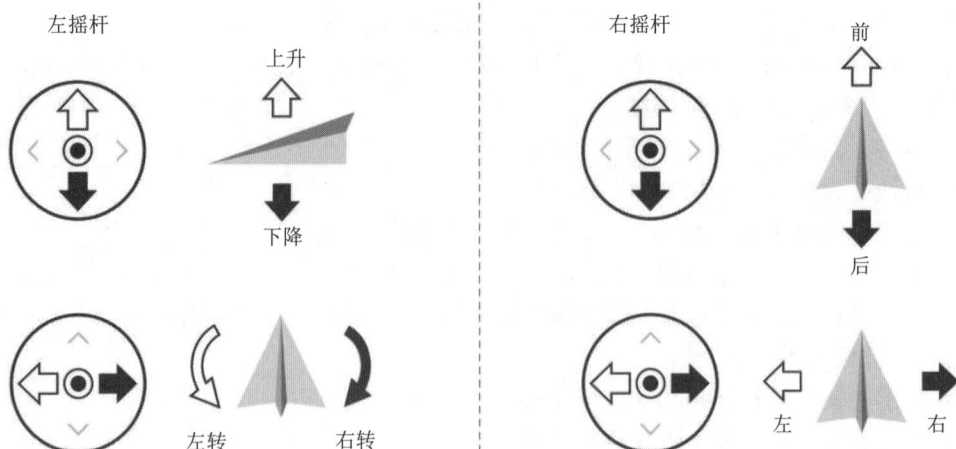

图 1-43　DJI 御 Mini 2 美国手模式示意

5) 正确握持遥控器的方法

遥控器的正确握持姿势如图 1-44 所示。其中应该注意以下几点：

(1) 双手握住遥控器两侧，并平稳托举。

(2) 双手大拇指压在摇杆顶端，操控过程中不得离开或弹杆。

(3) 双手食指分别轻轻放在云台俯仰控制拨轮和拍摄按键上，随时准备操作。

图 1-44　遥控器的正确握姿

7. 数据图像传输

1) 上行(从控制器到无人机)

数据、图像传输是通过通信系统来实现的。无人机数据、图像传输需要控制器与无人机之间有数据链路，其数据链路分为两条：一条发射，另一条接收，即常说的上行、下行两部分。无人机无线数据、视频通信传输系统必须具备"非视距""绕射"的传输特点和良好的穿透能力，才能够

上行(从控制器到无人机)

满足无人机无线通信的需要。无人机数据链路如图 1-45 所示。

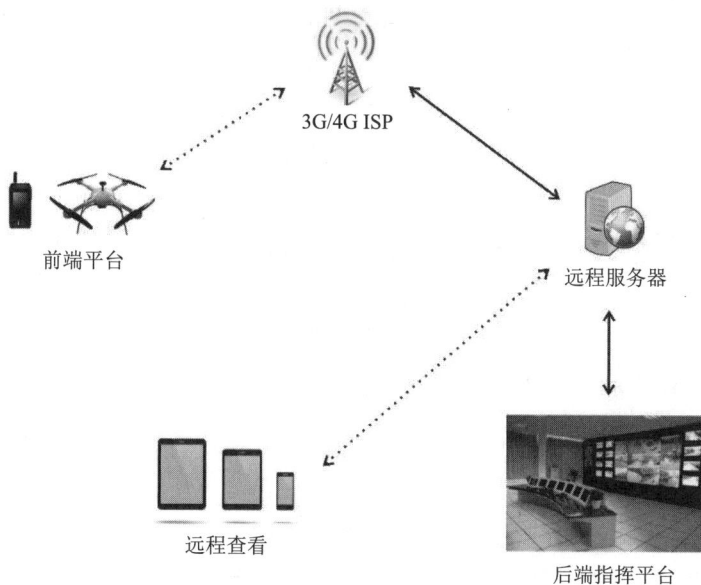

图 1-45　无人机数据链路

2) 下行(从无人机到控制器)

远程无线视频发射机作为无人机系统中的重要环节，是将飞机平台与地面指挥人员和设备连接起来的信息桥，如图 1-46 所示。

图 1-46　无人机下载数据

无线视频发射机技术 COFDW(编码正交频分复用)的引入实际上是为了提高载波的频谱利用率，或提高多个载波的调制。它的特点是每个子载波相互正交，因此扩预调制后的频谱可以相互重叠，从而减少了子载波之间的相互干扰。

接收机有两种基本构成结构，一种是超外差结构，另一种是直接转换结构。超外差接收机就是将接收到的射频信号与某一频率的本振信号进行

下行(从无人
机到控制器)

混频或下变频之后输出一个频率较低的中频调制信号，其频率就是本振信号频率和被接收信号频率之间的固定频差。接收机最终将中频调制信号滤波、放大后，由解调器完成解调任务。在直接转换接收机中，其基本原理同超外差接收机，不同之处在于参与混频的本振频率不是任意给定的，而是等于载波频率。

任务 1.3   了解无人机的管理

一、无人机管理及实名注册

无人机管理主要按照分类管理思路，加强对无人驾驶航空器设计、生产、维修、组装等的适航管理和质量管控，建立产品识别码和所有者实名登记制度，明确使用单位和操控人员资质要求；严格飞行活动管理，划设无人驾驶航空器飞行管制空域和适飞空域，建立飞行活动申请制度，明确飞行活动规范；强化监督管理和应急处置，健全一体化综合监管服务平台，落实应急处置责任，完善应急处置措施。

(一) 无人机管理

1. 飞行管制

中华人民共和国境内的飞行管制，由中国人民解放军空军统一组织实施。各有关飞行管制部门按照各自的职责分工提供空中交通管制服务。

航空管理部门是指对从事飞行活动的航空单位具有管理职能的机关或者单位，包括中国民用航空局、国家体育总局、中国航空工业集团有限公司、中国人民解放军海军、中国人民解放军空军等。

按照飞行管制责任将飞行区域划分为飞行管制区、飞行管制分区、机场飞行管制区、航路、航线地带和民用机场区域设置高空管制区、中低空管制区、终端管制区、机场塔台管制区，各类管制区的飞行管制由有关飞行管制部门按照职责分工实施。所有飞行必须预先提出申请，经批准后方可实施。

与无人机飞行相关的行业协会有中国航空器拥有者及驾驶员协会(AOPACHINA)(其标志如图 1-47 所示)、中国航空运动协会(ASFC)(其标志如图 1-48 所示)等。

图 1-47   中国航空器拥有者及驾驶员协会(AOPACHINA)

图 1-48　中国航空运动协会(ASFC)

1) 性质和宗旨

中国航空器拥有者及驾驶员协会是国际航空器拥有者及驾驶员协会的中国分支机构。

中国航空器拥有者及驾驶员协会的登记管理机关是民政部，行业管理部门是中国民用航空局。该协会的主要宗旨是促进、维护和代表会员在通用航空领域的权益，宣传政府政策，反映行业诉求，自觉加强诚信自律建设。

2) 咨询服务

无人机业务咨询服务：相关法规查阅；根据无人机客户应用需求制定对应的方案并执行；帮助进行无人机前期测试，包括气象、机型、性能等；帮助进行项目评估、作业评估；帮助后期数据处理。

3) 飞行计划、空域咨询服务

飞行计划、空域咨询服务：相关法规查阅；根据客户需求，提供飞行计划、空域申请咨询和选择；协助准备申请材料，递交审批材料，办理相关审批手续。

2. 无人机相关的空域管理

无人机数量多、飞行速度相对较慢、作业时间随意性强，这些特点令传统的空中交通管制方式无所适从，需要创建一个无人机专用的空中交通管制系统，用来对无人机飞行加以限制。

1) 无人机空域管理相关依据

目前，无人机飞行限制规定主要依据 《中华人民共和国民用航空法》与 《民用无人驾驶航空器系统空中交通管理办法》中对无人机的相关管理规定。

(1) 《中华人民共和国民用航空法》，例如：

第七十条 国家对空域实行统一管理。

第七十四条 民用航空器在管制空域内进行飞行活动，应当取得空中交通管制单位的许可。

第二百零七条 违反本法第七十四条的规定，民用航空器未经空中交通管制单位许可进行飞行活动的，由国务院民用航空主管部门责令停止飞行，对该民用航空器所有人或者承租人处以 1 万元以上 10 万元以下的罚款；对该民用航空器的机长给予警告或者吊扣执照 1 个月至 6 个月的处罚，情节较重的，可以给予吊销执照的处罚。

(2) 《民用无人驾驶航空器系统空中交通管理办法》。

目的：为了加强对民用无人驾驶航空器飞行活动的管理，规范其空中交通管理工作。

适用范围：依法在航路航线、进近(终端)和机场管制地带等民用航空使用空域范围内或者对以上空域内运行存在影响的民用无人驾驶航空器系统活动的空中交通管理工作。

行业影响：规定了民用无人驾驶航空器系统空中交通服务的监督和管理工作负责单位。民用无人驾驶航空器仅允许在隔离空域内飞行。

(3) 民用无人驾驶航空器系统空中交通管理办法专业术语定义。

电子围栏：为防止民用无人驾驶航空器飞入或者飞出特定区域，在相应电子地理范围中画出其区域边界，并配合飞行控制系统，保障区域安全的软硬件系统。

隔离空域：专门分配给无人驾驶航空器系统运行的空域，通过限制其他航空器的进入以规避碰撞风险。

目视视距：驾驶员(或观测员)与无人驾驶航空器保持直接目视视觉接触的运行方式。直接目视视觉接触的范围为：真高(无人机距离地表的真实高度)120 m 以下；距离不超过驾驶员(或观测员)视线范围或最大 500 m 半径的范围，两者中取较小值。

超目视视距：无人驾驶航空器在目视视距以外的运行方式。

机场净空区：也称机场净空保护区域，是指为保护航空器起飞、飞行和降落安全，根据民用机场净空障碍物限制图要求划定的空间范围。

人口稠密区：城镇、村庄、繁忙道路或大型露天集会场所等区域。

重点地区：军事重地、核电站和行政中心等关乎国家安全的区域及周边，或地方政府临时划设的区域。

融合空域：有其他载人航空器同时运行的空域。

2) 无人机飞行空域

空域管理是指为维护国家安全，兼顾民用、军用航空的需要和公众利益，统一规划，合理、充分、有效地利用空域的管理工作。

空域是无人机运行的空间。无人机的运行以不能妨害有人航空器的运行、不能接近重要目标、不能接近军事设施、远离人员密集区等要求为准。《通用航空飞行管制条例》(以下简称《条例》)中主要从空域划设、空域批准、空域使用时限等几个方面对空域管理内容进行了规定。

空域划设是根据无人机运行需要，结合民用航空与通用航空的空域使用情况，在保证飞行安全的情况下，批准无人机运行的区域。

《条例》规定了无人机运行使用空域的具体要求，规定了无人机在"使用机场飞行空域、航路、航线"等规定的区域，飞行前必须向飞行管制部门提出申请，批准后方可飞行。

(1) 微型无人机和轻型无人机的空域管理。微型无人机和轻型无人机具有体积小、速度慢、飞行高度低等特点，并且它们是无人机领域发展非常快的机型，因此越来越广泛使用。根据应用领域的发展的需求，最新颁布的相关管理条例在充分尊重现有的空域管理特点并维持整体制度不变的情况下，分别向微型无人机和轻型无人机开放了 50 m 以下、120 m 以下的空域。在保障安全的前提下、在禁飞空域以外，微型无人机和轻型无人机在实名登记之后可进行飞行，满足了正常合理的飞行需求。

微型无人机禁飞空域：高度在 50 m 以上空域；空中禁区以及周边 2000 m 范围；空中危险区以及周边 1000 m 范围；机场、临时起降点围界内以及周边 2000 m 范围的上方；国界线、边境线到我方一侧 2000 m 范围的上方；军事禁区以及周边 500 m 范围的上方；

军事管理区、设区的市级以上党政机关监管场所以及周边 100 m 范围的上方；射电天文台以及周边 3000 m 范围的上方；卫星地面站等需要电磁环境特殊保护的设施以及周边 1000 m 范围的上方；气象雷达站以及周边 500 m 范围的上方；生产、储存易燃易爆危险品的大型企业和储备可燃重要物资的大型仓库、基地以及周边 100 m 范围的上方；军机超低空飞行空域。

轻型无人机禁飞空域：高度在 120 m 以上空域；空中禁区以及周边 5000 m 范围；空中危险区以及周边 2000 m 范围；军用机场净空保护区；民用机场障碍物限制面水平投影范围的上方；有人驾驶航空器临时起降点以及周边 2000 m 范围的上方；国界线到我方一侧 5000 m 范围的上方；边境线到我方一侧 2000 m 范围的上方；军事禁区以及周边 1000 m 范围的上方；军事管理区、设区市级以上党政机关、核电站、监管场所以及周边 200 m 范围的上方；射电天文台以及周边 5000 m 范围的上方；卫星地面站等需要电磁环境特殊保护的设施以及周边 2000 m 范围的上方；气象雷达站以及周边 1000 m 范围的上方；生产、储存易燃易爆危险品的大型企业和储备可燃重要物资的大型仓库、基地以及周边 150 m 范围的上方；军机低空、超低空飞行空域。

(2) 临时空域划设。无人机运行需要划设临时飞行空域的，应当向有关飞行管制部门提出划设临时飞行空域的申请，申请临时飞行空域需要填写临时飞行空域的水平范围、高度，飞入和飞出临时飞行空域的方法，使用临时飞行空域的时间，飞行活动性质。

(3) 临时空域申请时限。划设临时空域的申请时限是指运行人在拟使用飞行空域前多长时间向管制部门提出申请，管制部门应在运行人使用空域前一定时间内给予答复的时限。

(4) 隔离空域申请流程。隔离空域申请由申请人在拟使用隔离空域 7 个工作日前向有关飞行管制部门提出，负责批准该隔离空域的飞行管制部门应当在拟使用隔离空域 3 个工作日前作出批准或者不予批准的决定，并通知申请单位或者个人。

申请内容主要包括：使用单位或者个人，无人机类型及主要性能，飞行活动性质，隔离空域使用时间，水平范围、垂直范围，起降区域或者坐标，飞入飞出隔离空域方法；登记管理的信息等。申请文件格式如图 1-49 所示。

XX市XXXXXXXX

项目　××××××××××××

关于申请无人机航拍空域的函

西部战区联合参谋部作战局：

为宣传成都市×××××“党建引领社区发展治理”，定于××××年××月××日—××日期间，在××××××进行街道改造效果拍摄。届时，将运用无人机对现场进行航拍。为了保证安全飞行，成都市×××××严格按照最新无人机飞行管理条例的相关规定对本次拍摄的飞行进行申报，并由拥有飞行执照的专业飞手对无人机的飞行进行监管和操作，活动执行组将派专业人员对飞行全程指导和监督。

空域详情、无人机性能参数、航拍故障安全应急预案见附件。

此函，予以支持为谢！

附件：

1. 飞行空域详情及示意图
2. 无人机性能参数
3. 无人机航拍故障安全应急预案
4. 无人机驾驶员资料

联系人：　×××

图 1-49　申请文件格式

提示：

① 无人机隔离空域的使用期限，应当根据飞行的性质和需要确定，通常不得超过 12 个月。

② 因飞行任务需要延长隔离空域使用期限的，应当报经批准该隔离空域的飞行管制部门同意。

③ 隔离空域飞行活动全部结束后，空域申请人应当及时报告有关飞行管制部门，其申请划设的隔离空域即行撤销。

④ 已划设的隔离空域经飞行管制部门同意后，其他单位或者个人也可以使用。

⑤ 国家无人机执行飞行任务时，拥有空域优先使用权。

3. 飞行运行

无人机应该在国家的监管之下，按规定申请飞行计划后飞行运行。

(1) 监管系统：国家统筹建立具备监视和必要管控功能的无人机综合监管平台，民用无人机飞行动态信息与公安机关共享。国务院公安部门建立民用无人机公共安全监管系统。

(2) 申请飞行计划：根据新的规定，无人机进行飞行计划前，除了需要进行无人机注册，取得无人机的驾驶员合格证、申请空域，还要申报飞行计划。

在飞行过程中，应当按照民航主管部门的规定，开启电子围栏的功能，接入无人机管理服务系统，保持通畅、有序的通信联络，接受相关部门的监督和指挥，确保无人机在规定的空域时段按照规定的运行要求开展飞行。无人机监管系统如图 1-50 所示。

图 1-50 无人机监管系统

根据相关规定，无人机飞行计划申报流程如下：

① 获得飞行任务及其任务委托书。

② 提前 7 天携带相关文件材料，在飞行实施地所在的部队司令部办理审批手续。

③ 携带相关文件材料在所在地的民航监管局运输处空管处办理相关手续。

④ 携带获批复印件以及相应的文件材料，在所在地民航空管分局管制运行部办理相关手续。

⑤ 与所在地民航空管分局签订飞行管制保障协议。

⑥ 飞行前一天 15 点前向当地空管部门提交飞行计划。如果不在机场管制范围内，可以直接向所在地的民航空管分局管制运行部区域管制室提交飞行计划，在飞行实施前一个小时提出申请。

⑦ 区域管制室向飞行所在地司令部航空管制中心提交飞行申请。

⑧ 飞行实施所在地司令部航空管制中心给予调配意见。

申报飞行计划所需的材料有公司营业执照、航空适航资质、人员执照包括(身份证及驾照)、任务委托书、飞行申请表(通用航空临时飞行控运申请表)。

飞行计划申报通过后，一般由主管部门发回通用航空临时飞行空域回制单。

根据无人机飞行任务、航空器的性质不同，申报飞行计划的主管部门批文如下：

① 对于外国航空器及外国人使用的国内航空器，需要中华人民共和国人民解放军批准文件。

② 进行航空摄影遥感物探的工作任务，需要中国人民解放军战区以上的机关批准文件。

③ 对于体育类航空器，需要地市级以上的体育部门许可证明。

④ 对于大型群众性的空中广告这样的宣传活动，需要当地公安机关的许可证明。

⑤ 对于无人驾驶的气球，需要第 10 级以上的气象部门许可证明。

4. 批复时限

运营人的空域使用飞行计划申请，应当在拟飞行前一天 15 时前提出；对于执行紧急救护、抢险救灾、人工影响天气或者其他紧急任务的，可以提出临时飞行计划申请。临时飞行计划申请最迟应当在拟飞行 1 小时前提出。无人机运行计划批准时限是指空中管制部门在收到运营人的运行计划后，必须在运行计划实施前的一定时限内给予批准与否的答复，以便运营人能够准确安排人员，提高计划的时效性。

飞行管制部门应当在拟飞行前一天 21 时前作出批准或者不予批准的决定，并通知申请人；对于因执行紧急救护、抢险救灾、人工影响天气或者其他紧急任务而提出的临时飞行计划申请，飞行管制部门应当在拟起飞时刻 15 分钟前做出批准或者不予批准的决定，并通知申请人。

对于运营人提出的 15 日以内的短期飞行，可以在申请划设临时空域时，一并提出短期飞行计划申请，不再逐日申请；但是每日飞行开始前和结束后，应当及时报告飞行管制部门。

5. 法律责任

1) 违法飞行行为处罚措施

(1) 对未按照适航管理规定设计、生产、销售、使用民用无人机的，由民用航空管理机构责令：

① 停止相关活动。

② 处以 10 万元以上 100 万元以下罚款。

③ 如有违法所得，没收违法所得，并处违法生产产品货值金额 1 倍以上 5 倍以下的罚款。

④ 情节严重的，由相关部门吊销营业执照。

(2) 未按照规定取得民用无人机驾驶员合格证或者执照驾驶民用无人机的，由民用航空管理机构责令：

① 处以 5000 元以上 10 万元以下罚款。

② 超出合格证或者执照载明范围驾驶无人机的，由民用航空管理机构暂扣合格证或者执照 6 个月以上 1 年以下，并处以 3 万元以上 20 万元以下罚款。

2) 自主解禁流程

无人机用户需要在飞行前查询当地法规，在合法安全的情况下执行飞行任务。大疆 GEO 地理围栏系统通过电子手段对空域进行了限制级别的划分，但考虑部分用户的特殊飞行需求，如需要在限制区域内执行飞行任务，大疆 GEO 地理围栏系统同时提供飞行区域解禁系统，用户可根据飞行区域的限制程度采取相应的方式完成解禁申请。民用无人机飞行活动申请审批表(解禁申请表)如图 1-51 所示。

民用无人机飞行活动申请审批表

个人/单位信息：

申请单位	示例：深圳市张三李四有限公司	联系电话	示例：18911112222	联系人	示例：张三
承飞单位	示例：深圳市张三李四有限公司	联系电话	示例：18911112223	联系人	示例：李四

DJI飞行器信息：

序号	机型	飞控序列号(在DJI APP的"关于"选项内查看)	DJI账号(飞手的DJI APP内登陆的大疆账号)
1	示例：Mavic 3	示例：1581F45TB21AR1AE046U	示例：12323112@qq.com
2			
3			

解禁信息：

解禁区域中心坐标	纬度(WGS84)	示例：30.123456	解禁区域半径	示例：500 米	飞行高度	示例：120 米
	经度(WGS84)	示例：120.123456	飞行开始时间	示例：2022 年 1 月 1 日起		
解禁地址	广东省深圳市南山区南山街道小南山		飞行结束时间	示例：2022 年 1 月 2 日止		
解禁目的	示例：深圳小南山出现小面积山火，申请解禁禁飞区，用于应急消防用途					

审批记录：

申请单位审核意见	申请单位的盖章 (个人无需盖章) (盖章) 年 月 日	承飞单位审核意见(如与申请单位不同)	承担飞行活动的单位盖章 (个人无需盖章) (盖章) 年 月 日	管理部门审批意见(公安/民航/军航等)	当地军航、民航、或公安局等任一机构批准飞行的函或文件 (任一部门盖章即可) (盖章) 年 月 日
	审核人：		审核人：		审核人：(务必填写)
	联系电话：		联系电话：		座机电话：(务必填写)

图 1-51 民用无人机飞行活动申请审批表

在申请解禁前，需要准备下列信息：

(1) 个人身份信息：姓名、电话、邮箱、DJI 账号、通信地址、身份证/护照/驾驶证(任意一个即可)。

(2) 无人机飞控序列号：飞控序列号需要在 App 中查询，点击了解如何查看飞控序列号。

(3) 解禁区域中心点坐标：了解如何查找解禁区域中心点坐标。

(4) 解禁区域半径与飞行高度：以官方有效批文或解禁申请表中数值为准。

(5) 解禁时间：个人用户最长 1 年；未通过认证的机构用户最长 1 年；未通过认证的特许用户最长 1 年；通过认证的机构用户最长 3 年；通过认证的特许用户最长 3 年。

(6) 如您是"个人用户"，请您一并上传完整的飞行员身份证电子版正反面照片或电子版复印件(驾驶证、护照或其他有效证件亦可)；如您是"机构用户"，请您一并上传贵单位的"营业执照"/"法人证书"或"统一社会信用代码证书"等组织机构证明文件。

(7) 官方有效批文/解禁申请表：解禁申请表需要有管理部门(公安/军航/民航，任意其一即可)盖章方可生效。

申请解禁流程如下：

① 登录解禁网站(https://fly-safe.dji.com/unlock/unlock-request/list)，如图 1-52 所示。

图 1-52　登录解禁网站

② 用户认证，如图 1-53 所示。

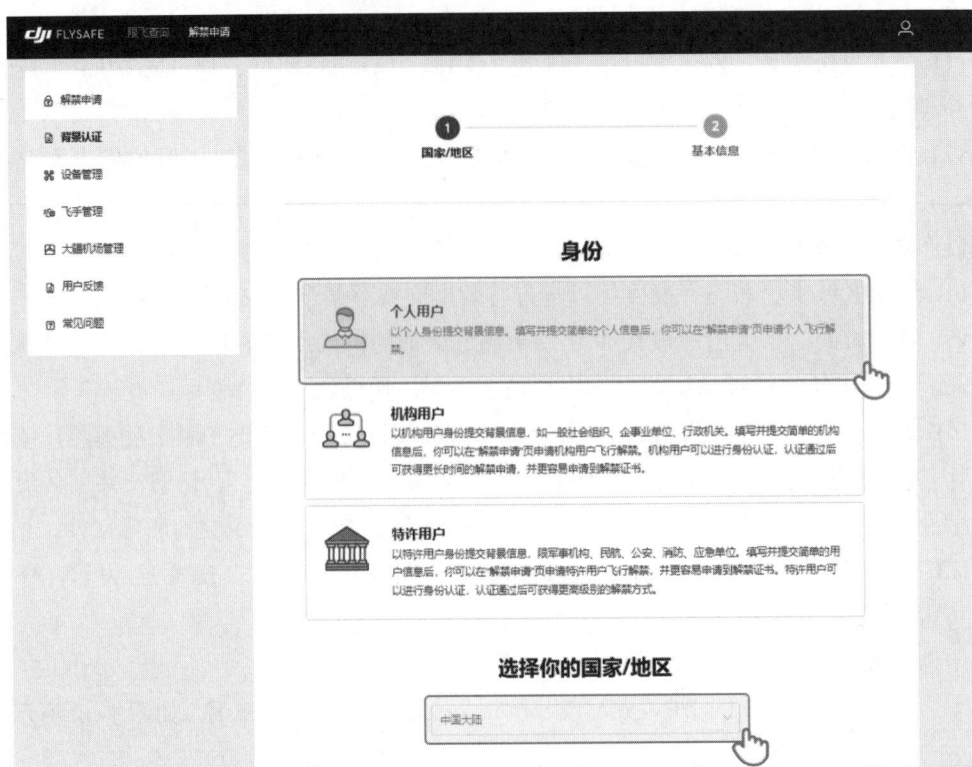

图 1-53   用户认证

③ 添加新设备，如图 1-54 所示。

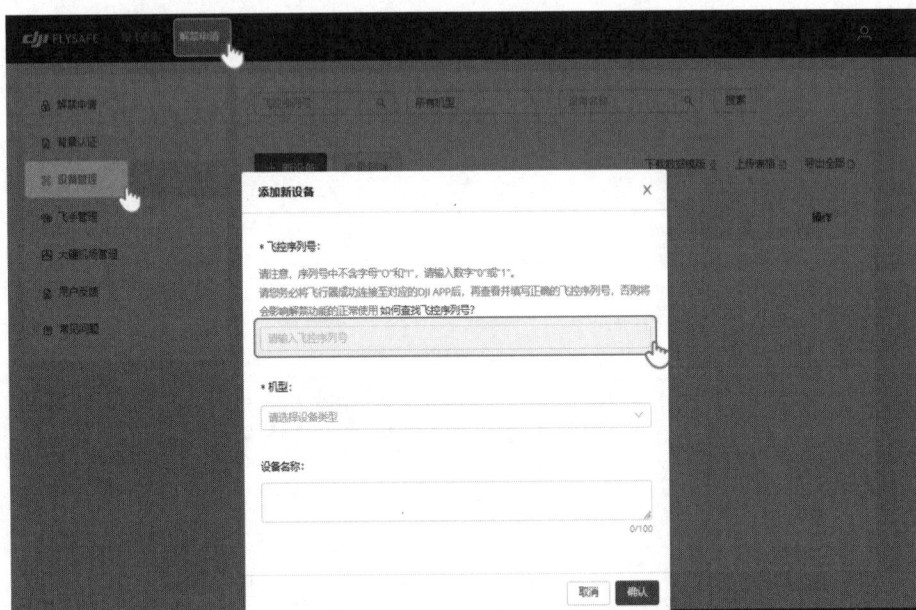

图 1-54   添加设备

④ 解禁申请。点击"添加解禁申请"按钮，会出现民用无人机飞行活动申请审批表，填报并提交申请审批表，如图 1-55 所示。

(a) 添加解禁申请

(b) 提交解禁申请

图 1-55　解禁申请

(二) 无人机分级

每一个无人机的拥有者或者驾驶员都应该掌握自己无人机所属的级别,不同级别的无人机飞行前申请空域的渠道和流程有所不同。

无人机分为国家无人机和民用无人机。国家无人机,指用于民用航空活动之外的无人机,包括用于执行军事、海关、警察等飞行任务的无人机;民用无人机,指用于民用航空活动的无人机。根据运行风险大小,民用无人机分为微型、轻型、小型、中型、大型。

(1) 微型无人机:空机重量小于 0.25 kg,设计性能同时满足飞行真高不超过 50 m、最大飞行速度不超过 40 km/h、无线电发射设备符合微功率短距离无线电发射设备技术要求的遥控驾驶航空器。

(2) 轻型无人机:同时满足空机重量不超过 4 kg,最大起飞重量不超过 7 kg,最大飞行速度不超过 100 km/h,具备符合空域管理要求的空域保持能力和可靠被监视能力的遥控驾驶航空器,但不包括微型无人机。

(3) 小型无人机:空机重量不超过 15 kg 或者最大起飞重量不超过 25 kg 的无人机,但不包括微型、轻型无人机。

(4) 中型无人机:最大起飞重量超过 25 kg 但不超过 150 kg,且空机重量超过 15 kg 的无人机。

(5) 大型无人机:最大起飞重量超过 150 kg 的无人机。

(三) 分级管理与实名注册

根据《无人驾驶航空器飞行管理暂行条例》的规定,对无人机进行分级管理,对小型及其以上的无人机加强监管。

1. 分级管理

(1) 对普通群众最常使用的微型、轻型无人机尽量放宽限制,做到管理兼顾开放。

(2) 中型、大型无人机采用适航管理。微型、轻型、小型无人机在投放市场前应当完成产品认证。

销售微型无人机以外的民用无人机的单位和个人应当向公安机关备案,并承担核实记录购买单位和个人的相关信息的义务,定期向公安机关报备。

2. 实名注册

根据《民用无人驾驶航空器实名制登记管理规定》(以下简称《规定》),民用无人机的拥有者必须实名登记其拥有的产品信息,并将登记标志贴在无人机上。外籍人士如在中国境内使用无人机,也必须登记。《规定》适用于在中华人民共和国境内最大起飞重量为 250 g 以上(含 250 g)的民用无人机。

无人机实名登记流程如下:

(1) 注册流程。输入网址 https://uas.caac.gov.cn 打开无人机实名登记系统页面,在页面的左下方点击"免费注册"按钮。注册页面如图 1-56 所示。

图 1-56 注册页面

用户注册无人机实名登记系统时需要填写下列信息：

① 用户类型(个人、单位)。

② 用户名(登录账号)。

③ 登录密码。密码要求包含数字、英文字母和特殊符号。

④ 手机号码。

⑤ 图形验证码。

⑥ 短信验证码。点击"获取验证码"，然后输入手机接收的验证码。

⑦ 电子邮箱。

注册信息如图 1-57 所示。

图 1-57 注册信息

(2) 登录流程。进入无人机实名登记系统首页 https://uas.caac.gov.cn，输入用户名或手机号、密码、验证码即可登录。如果您忘记密码，可以点击"忘记密码"按钮重置登录密码，如图 1-58 所示。

图 1-58　登录页面

(3) 填写个人资料。进入无人机实名认证注册向导界面，填写相关内容即可完成注册，如图 1-59 所示。

图 1-59　认证页面

提示：① 在第一次注册时，根据无人机序号生成唯一的无人机登记标志。

② 该序号无人机没有完成注销操作前，不能重复注册。

③ 在注销该序号无人机后，重新注册该序号无人机，登记标志不变。

④ 无人机实名登记标志包括登记号与二维码信息。

民用无人机的登记标志实名注册成功后，系统会自动生成包含登记号和二维码的登记标志图片。登记号为 UAS+8 位阿拉伯数字，二维码包括无人机制造商、产品型号、产品名称、产品序号、注册日期、拥有者姓名或单位名称、联系手机等信息。登记标志图片如图 1-60 所示。

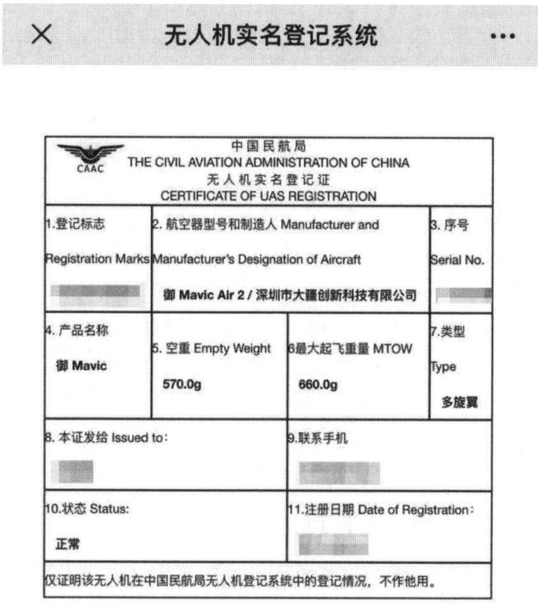

图 1-60　登记标志图片

(4) 二维码注销流程。

无人机注销流程如下：

① 民用无人机发生出售、转让、损毁、报废、丢失或者被盗等情况，民用无人机拥有者应及时通过"无人机实名登记系统"注销该无人机的信息。

② 民用无人机的所有权发生转移后，变更后的所有人必须按照本管理规定的要求实名登记该民用无人机的信息。无人机二维码注销页面如图 1-61 所示。

图 1-61　无人机二维码注销页面

二、无人机运营及驾驶员管理

根据相关法规，如果个人或者单位使用最大空机质量为 250 g 以上的无人机开展航空喷洒、航空摄影、空中拍照表演飞行等作业，或者相关无人机驾驶员培训类的经营活动，都需要取得中国民用航空局颁发的民用无人驾驶航空器经营许可证(如图 1-62 所示)。

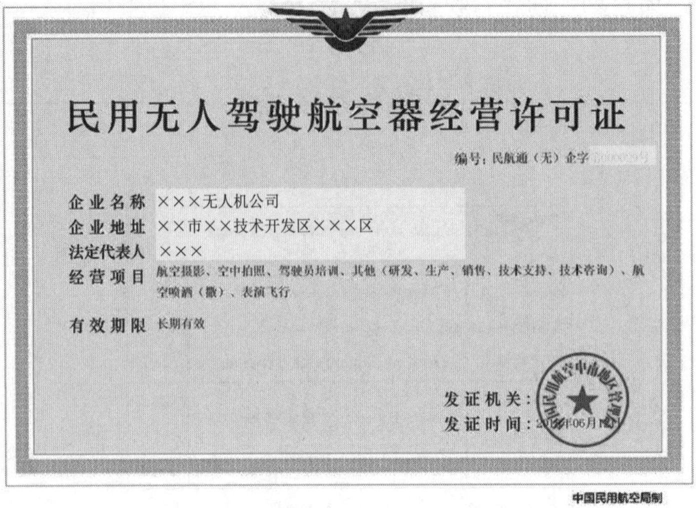

民用无人驾驶航空器经营许可证

编号：民航通（无）企字

企业名称　×××无人机公司
企业地址　××市××技术开发区×××区
法定代表人　×××
经营项目　航空摄影、空中拍照、驾驶员培训、其他（研发、生产、销售、技术支持、技术咨询）、航空喷洒（撒）、表演飞行
有效期限　长期有效

发证机关：
发证时间：

中国民用航空局制

图 1-62　民用无人驾驶航空器经营许可证

1. 取得民用无人驾驶航空器经营许可证的条件

(1) 从事经营活动的主体应当为企业法人。企业的法定代表人为中国籍公民。

(2) 企业应至少拥有一架无人驾驶航空器，且以该企业名称在中国民用航空局无人机实名登记系统中完成实名登记。

(3) 具有行业主管部门或经其授权机构认可的培训能力(仅适用从事培训类经营活动)。

(4) 投保无人驾驶航空器地面第三人责任险。

2. 取得民用无人驾驶航空器经营许可证的渠道

个人或者企业可以通过民用无人驾驶航空器经营许可证管理系统在线申请无人驾驶航空器经营许可证，并填报企业法人的基本信息、无人驾驶航空器实名登记号、无人驾驶航空器驾驶员的培训机构认证编号、投保地面第三人责任险的承诺、企业拟开展的无人驾驶航空经营项目等信息。无人机驾驶员驾驶无人机如图 1-63 所示。

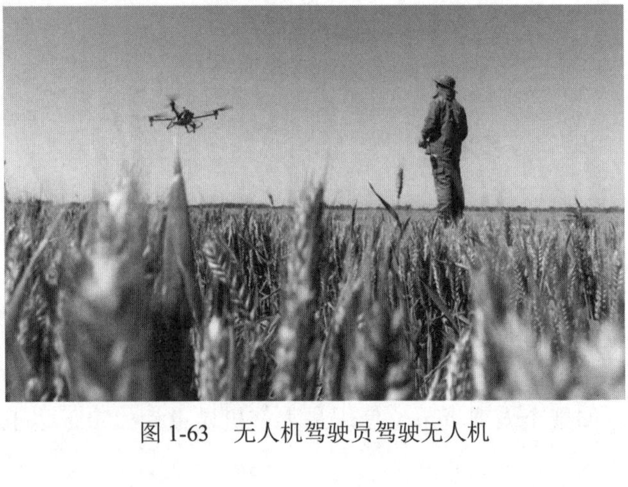

图 1-63　无人机驾驶员驾驶无人机

3. 无人机驾驶员的要求

对无人机驾驶员的年龄要求如下:

(1) 轻型无人机驾驶员应当年满 14 周岁。

(2) 小型无人机驾驶员应当年满 16 周岁。

(3) 中型、大型无人机驾驶员应当年满 18 岁。

根据最新规定,微型和轻型无人机的驾驶员在试飞空域飞行不需要持有合格证或者执照,只需要掌握运行守法要求和风险提示即可。微型和轻型无人机的驾驶员是可以超出空域飞行,但需要参加安全操作培训的理论培训,并通过考试取得理论培训合格证。

小型、中型、大型无人机的驾驶员必须取得安全操作执照。

分布式操作的无人机系统或者集群、操作者个人,无须取得安全操作执照。组织飞行活动的单位或者个人以及管理体系,应当接受安全审查并且取得安全操作合格证。

4. 无人机驾驶员的合格证

目前有很多无人机生产企业在自行组织无人机驾驶员的资格培训并颁发资格证书,但是在实际的无人机审批和管理当中,由企业颁发的无人机驾驶员资格证书并不具备法律效力。

按照相关规定,像民航、空军这些主管部门申请空域进行无人机飞行时,无人机驾驶员必须具备官方颁发的或者官方认可的资格证书。无人机驾驶员合格证书如图 1-64 所示。

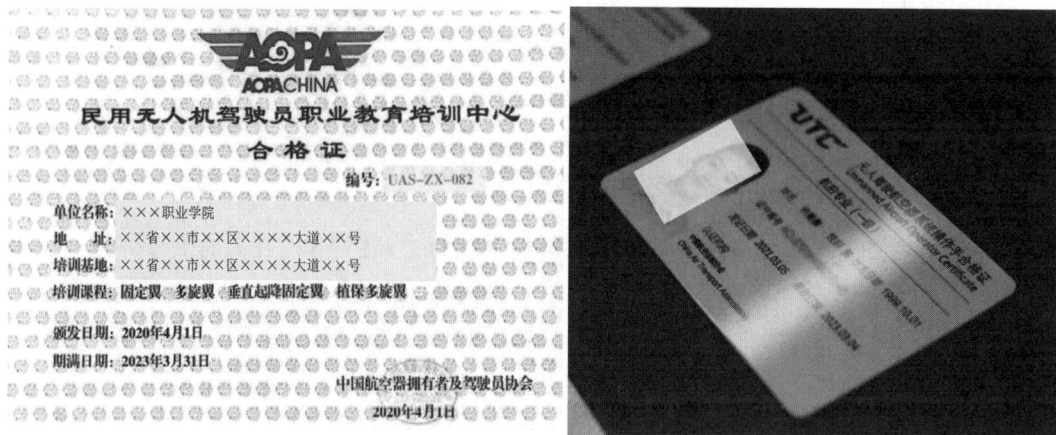

图 1-64　无人机驾驶员合格证书

5. AOPA 民用无人驾驶航空器

系统驾驶员合格证分为视距内驾驶员和超视距内驾驶员以及教员三个级别。合格证的等级包括无人机种类和级别两个方面。

无人机种类包括固定翼、无人直升机、无人飞艇、多旋翼、垂直起降固定翼及其他类型的无人机。无人机的级别与之前介绍的无人机分类相似,按照无人机的质量进行分类,高级别的合格证可以行使低级别合格证的权利。

【考 证 训 练】

一、思考题

1. 飞机起飞前需要做哪些必要的检查？

2. 无人机电调的作用是什么？

3. 多旋翼飞行器在重新组装后，必须校准哪些传感器？

二、选择题

1. 无人机的英文缩写是(　　)。

A. UVS　　　　　　　B. UA.S　　　　　　　C. UA.V

2. 多轴旋翼飞行器通过改变(　　)控制飞行轨迹。

A. 总距杆　　　　　　B. 转速　　　　　　　C. 尾桨

3. 目前主流的民用无人机所采用的动力系统通常为活塞式发动机和(　　)两种。

A. 涡喷发动机　　　　B. 涡扇发动机　　　　C. 电动机

4. 指挥控制与(　　)是无人机地面站的主要功能。

A. 飞行状态监控　　　B. 任务规划　　　　　C. 飞行视角显示

5. 无人机地面站系统不包括(　　)。

A. 机载电台　　　　　B. 无人机控制站　　　C. 载荷控制站

6. 根据机翼的设计特点，其产生的升力来自(　　)。

A. 机翼上下表面的正压强

B. 机翼下表面的负压和上表面的正压

C. 机翼下表面的正压和上表面的负压

7. 飞机转弯的向心力是(　　)。

A. 飞机的拉力　　　B. 方向舵上产生的气动力　　　C. 飞机升力的水平分力

学习情境 2　无人机系统的组成

先导案例

　　无人机飞控系统中有一个重要元器件就是陀螺仪。陀螺仪自被发明开始就用于导航，德国人曾将其应用在 V1、V2 火箭上。因此，如果配合 GPS(Global Positioning System，全球定位系统)，手机的导航能力将达到前所未有的水准。实际上，很多专业手持式 GPS 上也装有陀螺仪，如果手机上安装了相应的软件，导航能力绝不亚于很多船舶、飞机上使用的导航仪。陀螺仪还可以实现 GPS 的惯性导航：当汽车行驶到隧道或城市高大建筑物附近，没有 GPS 信号时，可以通过陀螺仪来测量汽车的偏航或直线运动位移，从而继续导航。陀螺仪在智能手机中也有广泛应用，可以和手机上的摄像头配合使用。比如防抖，在拍照时维持图像的稳定，防止由于手的抖动对拍照质量造成的影响。在按下快门时，记录手的抖动动作，将手的抖动反馈给图像处理器，可以让手机捕捉到更清晰、稳定的画面。此外，陀螺仪能帮助手机实现很多增强现实的功能，同时这也是未来最有前景和应用范围的用途。

学习目标

(1) 树立科技强国、技术创新理念。
(2) 掌握无人机控制系统组成。
(3) 了解无人机飞行控制原理。
(4) 掌握无人机的传感器、舵机及地面控制系统与导航系统。
(5) 了解无人机的电池及电池管理系统。

任务 2.1　探究无人机控制系统的组成

一、无人机的飞行控制原理

飞控又称飞行控制器,是用于在起飞、巡航、降落等阶段辅助或全自主对飞行器的其他系统及元器件协同控制的元件。飞控通常与惯性测量单元(IMU)、气压计、磁罗盘等元器件共同组成飞行控制系统一同使用。在飞行器飞行过程中,飞控感知飞行器的飞行高度、速度、角度及位置信息,按照预先设定好的飞行计划或临时接收的飞行指令,控制飞行器的不同系统做出相应的动作,如对于固定翼机是调整舵面,对于多旋翼机是调整各个动力的输出功率等,从而达到改变飞行姿态的目的。

1. 无人机飞控的发展史

1) 苏俄流派的无人机飞控

高技术的发展最初都源于军事,飞控的发展更不例外,一战、二战再到伊拉克战争,无论是苏俄还是欧美国家,都相继开始了有人飞机的无人化改造以及新研制无人机的工作。苏俄国家延承了载人机控制的研发技术体系并直接转到了无人机,早期飞控硬件使用了战斗机的飞控计算机,控制算法一直使用分型模态分段辨识、建模、控制的方法。通俗来讲,就是要通过吹风洞、机理建模等方法,知道飞行器在起飞、悬停、低速、中速、高速、降落等不同飞行状态下的参数,并在不同状态设计相应控制器。飞行器飞行过程中不断切换控制方法或控制参数以保证飞行器处于理想状态。这种流派优点在于硬件经过长期飞行验证,控制算法在设计模态内系统稳定性时可以进行有效的理论证明;缺点在于硬件笨重且无法预测实际飞行过程中可能经历的所有飞行状态。

2) 欧美流派的无人机飞控

相比苏俄国家直接使用了战斗机的技术体系,欧美国家则前瞻性地在 20 世纪中期开始布局了前沿技术的探索和积累(DARPA 就是各类计划的代表),支持研究机构、大学探索了很多新的无人机专用的飞控硬件和算法。这类项目一般由军工企业牵头、研究所负责演示验证、大学负责理论算法研究,组成的团队通过多年的中小型无人机的试飞试验,形成了以嵌入式计算机为硬件核心、以自适应控制为算法的飞控体系。

欧美国家很大程度上放弃了传统的模态分段控制,无须再对不同飞行状态进行建模、参数辨识,而是采取了在线辨识。也就是说,在飞行器飞行的过程中通过在线辨识理论方法,控制器能够自己判断自身所处的状态、参数等,并根据这些信息响应切换不同的控制策略或控制参数。这种流派的优点在于系统体积小、重量轻,缩短了新型无人机的研发过程,智能型进一步增强;缺点在于需要较长时间的理论技术积累,且某种程度上无法证明全局系统稳定性。但无论怎样,飞控的发展成了重要的使能技术之一,让美国的军用无人机跃居世界领先地位,其他国家也纷纷效仿。

3) 我国无人机飞控的发展

我国无人机飞控的发展经历了三代：

第一代民用飞控。2000 年，我国的民用飞控开始逐步发展，但是国产飞控相对比较落后，而且开发比较困难。主流飞控一般是从国外进口，比如 AP 系列的飞控或者 MP 系列的飞控。

第二代民用飞控。大约从 2005 年开始，随着无人机市场的不断扩大以及技术的研发崛起，国产的飞控技术也迅速发展，相继推出了性能优异的产品，比如 IFLY、YS、UP 等。

第三代民用飞控。目前，国内无人机飞控技术到了百花绽放的阶段，信息技术的发展为飞控技术的提升提供了很大的帮助。

在开源电子产品涉及广泛的今天，以 APM 为代表的开源低端飞控开始在无人机市场上流行，飞控的成本在不断下降，从而使飞控技术更加普及，使无人机真正进入了普及化时代。

2. 无人机开源控制系统

开源(Open Source，开放源代码)的概念最早被应用于开源软件。开源软件被定义为描述那些源码可以被公众使用的软件，并且此软件的使用、修改和发行也不受许可证的限制。每一个开源项目均拥有自己的论坛，由团队或个人进行管理，论坛定期发布开源代码，而对此感兴趣的程序员都可以下载这些代码并对其进行修改，然后上传自己的成果，管理者从众多的修改中选择合适的代码改进程序并再次发布新版本。如此循环，形成"共同开发、共同分享"的良性循环。

1) 开源飞控

开源飞控就是建立在开源思想基础上的自动飞行控制器项目(Open Source Auto Pilot)，同时包含开源软件和开源硬件，而开源软件则包含飞控硬件中的固件和地面站软件两部分。爱好者不但可以参与软件的研发，也可以参与硬件的研发；不但可以购买硬件来开发软件，也可以自制硬件，这样便可让更多人自由享受该项目的开发成果。开源项目的使用具有商业性，所以每个开源飞控项目都会给出官方的法律条款以界定开发者和使用者权利，不同的开源飞控对其法律界定都有所不同。

2) 开源飞控的发展

开源飞控的发展可分为三代：

第一代开源飞控系统以 Arduino 或其他类似的开源电子平台为基础，扩展连接各种MEMS 传感器，能够让无人机平稳地飞起来。其主要特点是模块化和可扩展能力。

第二代开源飞控系统大多拥有自己的开源硬件、开发环境和社区，采用全集成的硬件架构，将全部 10DOF 传感器、主控单片机，甚至 GPS 等设备全部集成在一块电路板上，以提高可靠性。它使用全数字三轴 MEMS 传感器组成航姿系统，能够控制飞行器完成自主航线飞行，同时可加装电台与地面站进行通信，初步具备完整自动驾驶仪的功能。此类飞控还能够支持多种无人设备，包含固定翼飞行器、多旋翼飞行器、直升机和车辆等，并具备多种飞行模式，如手动飞行、半自主飞行和全自主飞行。第二代开源飞控的主要特点是高集成性、高可靠性，其功能已经接近商业自动驾驶仪标准。

第三代开源飞控系统将会在软件和人工智能方面进行革新。它加入了集群飞行、图像识别、自主避障、自动跟踪飞行等高级飞行功能，向机器视觉、集群化、开发过程平台化的方向发展。

3) 常见的开源飞控

(1) Arduino 飞控。Arduino 是最早的开源飞控，由 Massimo Banzi、David Cuartielles、Tom Igoe、Gianluca Martino、David Mellis 和 Nicholas Zambetti 于 2005 年在意大利交互设计学院合作开发而成。Arduino 公司首先为电子开发爱好者搭建了一个灵活的开源硬件平台和开发环境，用户可以从 Arduino 官方网站取得硬件的设计文档，调整电路板及元件，以满足自己实际设计的需要。

无人机
开源飞控

Arduino 可以通过与其配套的 Arduino IDE 软件查看源代码并上传自己编写的代码。Arduino IDE 使用的是基于 C 语言和 C++的 Arduino 语言，十分容易掌握，并且其可以在 Windows、Macintosh OSX 和 Linux 三大主流操作系统上运行。

随着该平台逐渐被爱好者所接受，各种功能的电子扩展模块层出不穷，其中最为复杂的便是集成了 MEMS 传感器的飞行控制器。为了得到更好的飞控设计源代码，Arduino 公司决定开放其飞控源代码，从而开启了开源飞控的发展道路。著名的开源飞控 WMC 和 APM 都是 Arduino 飞控的直接衍生产品，至今仍然使用 Arduino 开发环境进行开发。

(2) APM 飞控。APM(Ardu Pilot Mega)是在 2007 年由 DIY 无人机社区(DIY Drones)推出的飞控产品，是当今最为成熟的开源硬件项目。APM 基于 Arduino 的开源平台，对多处硬件进行了改进，包括加速度计、陀螺仪和磁力计组合惯性测量单元(Inertial Measurement Unit, IMU)。由于 APM 具有良好的可定制性，APM 在全球航模爱好者范围内迅速传播开来。通过开源软件 Mission Planner，开发者可以配置 APM，接受并显示传感器的数据，使用 Google Map 完成自动驾驶等功能，但 Mission Planner 仅支持 Windows 操作系统。

目前，APM 飞控已经成为开源飞控成熟的标杆，可支持多旋翼、固定翼、直升机和无人驾驶车等无人设备。针对多旋翼，APM 飞控支持各种四、六、八轴产品，并且在连接外置 GPS 传感器后能够增稳，完成自主起降、自主航线飞行、回家、定高、定点等丰富的飞行模式。APM 也能够连接外置的超声波传感器和光流传感器，在室内实现定高和定点飞行。

(3) PX4。PX4 是一个软硬件开源项目(遵守 BSD 协议)，目的在于为学术研究、爱好者和工业团体提供一款低成本、高性能的高端自驾仪。这个项目源于苏黎世联邦理工大学的计算机视觉与几何实验室、自主系统实验室和自动控制实验室的 PIXHawk 项目。PX4FMU 自驾仪模块运行高效的实时操作系统(RTOS)，Nuttx 提供可移植操作系统接口(POSIX)类型的环境，例如 printf()、pthreads、/dev/ttyS1、open()、write()、poll()、ioctl()等。软件可以使用 USB bootloader 更新。PX4 通过 MAVLink 同地面站通信，兼容的地面站有 QGroundControl 和 Mission Planner，软件全部开源且遵守 BSD 协议。

二、无人机的传感器

传感器是飞控系统的关键组成部分。由于各类传感器的存在，可以将无人机的飞行姿态等动态信息进行采集并传输给计算机，经过计算机处理后输出给执行机构，从而控制无人机的飞行姿态和稳定性。因此,传感器检测并反馈准确信息是无人机飞控系统精准完成任务的必要条件。

　　无人机常采用的传感器多为惯性传感器,如加速度计、陀螺仪和磁力计。惯性传感器是通过采集无人机的加速度和角度以获取无人机的瞬时速度、姿态和位置的。通常认为,陀螺仪检测"无人机的翻转",加速度计检测"无人机的飞行距离",磁力计检测"无人机的飞行方向"。常见的无人机的惯性测量单元、GPS、电流传感器和传感器数据融合的精度等对其飞行性能有着直接且实质的影响。搭载传感系统的无人机如图 2-1 所示。

图 2-1　搭载传感系统的无人机

(一) 惯性测量单元(IMU)

1. 陀螺仪

陀螺仪就是角速度传感器,它是利用陀螺效应原理来测量物体角速度的一种传感器。陀螺效应原理则是指高速旋转物体的旋转轴所指的方向不会随着外力的方向改变而发生变化。

1) 传统陀螺仪

传统陀螺仪是一种机械装置,主要由陀螺转子、支架等部件组成,如图 2-2 所示。

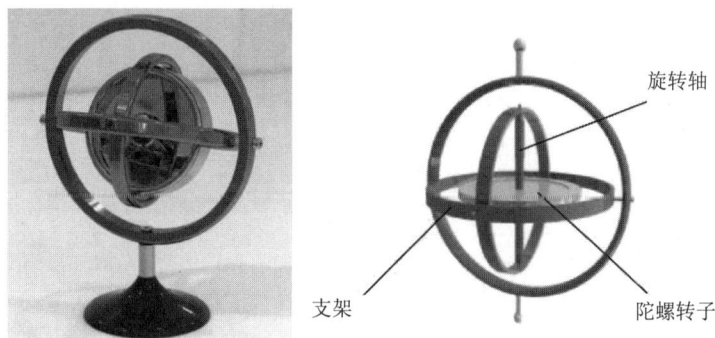

图 2-2　传统陀螺仪的结构组成

　　陀螺转子:常采用同步电动机、磁滞电动机、三相交流电动机等拖动陀螺转子绕旋转轴高速旋转。

　　支架(或称内、外环):使陀螺仪旋转轴获得所需角转动自由度的结构。

　　传统陀螺仪具有两种非常重要的基本特性:一是定轴性;二是进动性。这两种特性都是基于角动量守恒原则，从而使陀螺仪广泛应用于航空、航天及航海领域。

(1) 定轴性：转子在没有任何外力作用下高速旋转，陀螺仪的旋转轴在惯性空间中的指向固定在一个方向，同时不会随着外力作用发生改变，这种现象称为陀螺仪的定轴性，也称为稳定性。

传统陀螺仪的稳定性随以下物理量而改变：

① 转子的转动惯量愈大，稳定性愈好；

② 转子角速度愈大，稳定性愈好。

所谓转动惯量，是描述刚体在转动中的惯性大小的物理量。当以相同的力矩分别作用于两个绕定轴转动的不同刚体时，它们所获得的角速度一般是不一样的，转动惯量大的刚体所获得的角速度小，也就是保持原有转动状态的惯性大；反之，转动惯量小的刚体所获得的角速度大，也就是保持原有转动状态的惯性小。

(2) 进动性：当转子高速旋转时，若外力矩作用于外环轴，陀螺仪将绕内环轴转动；若外力矩作用于内环轴，陀螺仪将绕外环轴转动。陀螺仪转动角速度方向与外力矩作用方向互相垂直，这种特性叫作陀螺仪的进动性。进动角速度的方向取决于转子动量矩 H 的方向(与转子自转角速度矢量的方向一致)和外力矩 M 的方向，而且是自转角速度矢量以最短的路径追赶外力矩。

进动性可用右手定则判定，即伸直右手，大拇指与食指垂直，手指顺着自转轴的方向，手掌朝外力矩的正方向，然后手掌与4指弯曲握拳，则大拇指的方向就是进动角速度的方向。进动角速度的大小取决于转子动量矩 H 的大小和外力矩 M 的大小，其计算式为 $\omega = M/H$。陀螺仪的进动方向如图 2-3 所示。

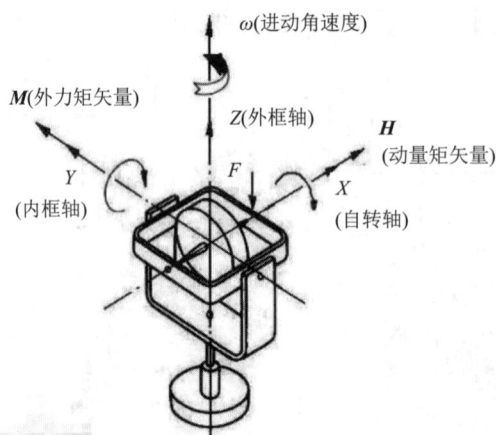

图 2-3　陀螺仪的进动方向

进动性也有三个影响的因素：

① 外界作用力愈大，进动角速度也愈大；

② 转子的转动惯量愈大，进动角速度愈小；

③ 转子的角速度愈大，进动角速度愈小。

2) 微机械陀螺仪

微机械(Micro Electro Mechanical System，MEMS)，即微电子机械系统。微电子机械系

统技术是建立在微米/纳米技术(Micro/Nanotechnology)基础上的 21 世纪前沿技术，是指对微米/纳米材料进行设计、加工、制造、测量和控制的技术。

传统的陀螺仪主要是利用角动量守恒原理，因此它主要是一个不停转动的物体，它的转轴指向不随承载它的支架的旋转而变化。但是，微机械陀螺仪的工作原理不是这样的，因为要用微机械技术在硅片衬底上加工出一个可转动的结构可不是一件容易的事。微机械陀螺仪一般利用科里奥利力——旋转物体在有径向运动时所受到的切向力。如果物体在圆盘上没有径向运动，科里奥利力就不会产生。因此，在 MEMS 陀螺仪的设计上，这个物体被驱动，不停地来回做径向运动或者振荡，与此对应的科里奥利力就不停地在横向来回变化，并有可能使物体在横向做微小振荡，相位正好与驱动力差 90 度。

MEMS 陀螺仪的重要参数包括分辨率(Resolution)、零角速度输出(零位输出)、灵敏度(Sensitivity)和测量范围。这些参数是评判 MEMS 陀螺仪性能好坏的重要标志，主要说明了该陀螺仪的内部性能和抗干扰能力，同时也决定陀螺仪的应用环境。分辨率是指陀螺仪能检测的最小角速度，该参数与零角速度输出其实是由陀螺仪的白噪声决定的。对使用者而言，灵敏度更具有实际的选择意义。测量范围是指陀螺仪能够测量的最大角速度。不同的应用场合对陀螺仪的各种性能指标有不同的要求。

MEMS 陀螺仪的主要特点：体积小、重量轻，其边长都小于 1 mm，器件核心的重量仅为 1.2 mg；成本低；可靠性好，工作寿命超过 10 万小时，能承受 1000 g 的冲击；测量范围大。

2. 加速度计

加速度计(Accelerometer)又称为加速度传感器，是一种测量加速度的传感器，用来提供无人机在 X、Y、Z 三轴方向所承受的加速力。它也能决定无人机在静止状态时的倾斜角度。当无人机呈现水平静止状态时，X 轴与 Y 轴为 0G 输出，而 Z 轴则为 1G 输出。地球上所有对象所承受的重力均为 1G。若要无人机 X 轴旋转 90°，那么就在 X 轴与 Z 轴施以 0G 输出，Y 轴则施以 1G 输出。倾斜时，X、Y、Z 轴均施以 0～1G 的输出。相关数值可应用于三角公式，让无人机达到特定倾斜角度。

加速度计同时也用来提供水平及垂直方向的线性加速。相关数据可作为计算速率、方向，甚至是无人机高度的变化率。加速度计还可以用来监测无人机所承受的震动。对于任何一款无人机来说，加速度计就是一个非常重要的传感器，因为即使无人机处于静止状态，也要靠它提供关键输入。加速度计的工作原理如图 2-4 所示。

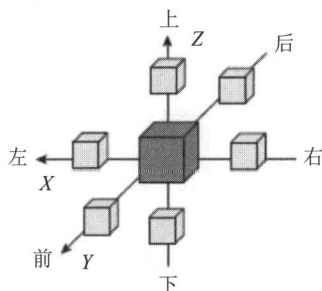

图 2-4　加速度计的工作原理

3. 磁力计

磁力计(Magnetic、M-Sensor)也叫地磁、磁感器，可用于测试磁场强度和方向、定位设备的方位。磁力计的原理与指南针原理类似，可以测量出当前设备与东、南、西、北四个方向上的夹角。磁力计能为无人机提供方向感。它能提供装置在 X、Y、Z 各轴向所承受磁场的数据，接着相关数据会汇入微控制器的运算法，以提供磁北极相关的航向角，然后就能用这些信息来侦测地理方位。

为了算出正确方向，磁性数据还需要加速度计提供倾斜角度数据以补强信息。有了倾斜数据和磁性数据，就能计算出正确方位。磁力计对于硬铁、软铁或运转角度都非常敏感。所谓硬铁，是指传感器附近的坚硬、永久性铁磁性物质，它能使罗盘读数产生永久性偏移。软铁则是指附近有弱铁磁性物质，如电路走线等，它能让传感器读数产生可变动移位。因此，软铁也需要磁性传感器校正算法，以过滤掉这些异常状况。这时，最重要的是让用户不必费力，运算法就能快速进行校正。典型无人机的磁力计如图 2-5 所示。

图 2-5　典型无人机的磁力计

4. 气压传感器

气压计运作的原理就是利用大气压力换算出高度。压力传感器能侦测地球的大气压力。无人机上所用的气压计是用来测量高度的，其原理是利用大气压与海拔高度的关系，即地球大气压随着海拔的增加而减小，在 3000 m 范围内，每升高 12 m 大气压减小 1 mmHg(毫米汞柱)，约 133 Pa。测高度的气压计实际上是压阻式压力传感器，它的一个重要参数就是灵敏度。由气压计所提供的数据能协助无人机导航，上升到所需的高度。准确估计上升与下降速度，对无人机飞行控制来说相当重要。

(二) 全球定位系统(GPS)

GPS 是指利用 GPS 卫星，向全球各地全天候、实时性地提供三维位置、三维速度等信息的一种无线电导航定位系统。如同汽车有导航系统，无人机也有导航系统。通过 GPS，才能知道无人机机体的位置信息。GPS 是全球导航系统之一，是美国的卫星导航系统。不过，最近无人机开始不单单采用 GPS 了，有些机型会同时利用 GPS 与其他的卫星导航系统接收多种信号，检测无人机位置。无论是设定经度、纬度进行自动飞行还是保持定位进行悬停，GPS 都是极其重要的一大功能，其中最常用的就是无人机测绘技术。需要注意，由于卫星自己会经常移动，同时受建筑物与磁场的影响，也存在接收不到 GPS 信号的情况。无人机 GPS 展示如图 2-6 所示。

图 2-6　无人机 GPS 展示

(三) 其他常用传感器

1. 电流传感器

在无人机上，电能的消耗和使用非常重要，尤其是在电池供电的情况下。电流传感器可用于监测和优化电能消耗，确保无人机内部电池充电和电机故障检测系统的安全。电流传感器通过测量电流(双向)，能够在理想的情况下提供电气隔离，以减少电能损耗和消除电击损坏用户系统的机会。同时，具有快速的响应时间和高精度的传感器可以优化无人驾驶飞机电池的寿命和性能。

2. 倾角传感器

倾角传感器集成了陀螺仪和加速度计为飞行控制系统提供保持水平飞行的数据，这是在易碎品运输和投递过程中最重要的稳定性监测传感器。这类传感器结合加速度计和陀螺仪，能够测量到细微的运动变化，使得传感器能够应用于移动程序，如汽车或无人驾驶飞机的陀螺仪补偿。

3. 超声波传感器

超声波传感器是将超声波传感器转换成电信号的传感器，由超声波发射器、超声波接收器、控制部分及电源组成。超声波发射器向某一方向发射超声波，在发射的同时开始计时，超声波在空气中传播，途中碰到障碍物就立即返回来，超声波接收器收到反射波就立即停止计时。超声波在空气中的传播速度为 340 m/s，根据计时器记录的时间，可以计算出发射点距障碍物的距离。无人机使用的超声波传感器的目的是要识别自身与物体的距离，以避免撞上其他物体。

三、无人机的舵机

舵机是一种位置(角度)伺服的驱动器,适用于那些需要角度不断变化并可以保持的控制系统。舵机早期在模型上使用最多。在航空模型中,固定翼无人机飞行姿态是通过调节电动机和各个控制面来实现的。对简单的四通固定翼无人机来说,有以下四个方面需要控制:

(1) 电动机转速:用于控制无人机的拉力(或推力)。

(2) 副翼控制面(安装在无人机翼后缘):用来控制固定翼无人机的横滚运动。

(3) 水平尾控制面:用来控制固定翼无人机的俯仰角。

(4) 垂直尾控制面:用来控制固定翼无人机的偏航角。

这样就需要四个舵机,而舵机又通过连杆等传动元件带动控制面转动,从而改变固定翼无人机的运动状态。因此,控制面的伺服电动机就是舵机。目前,舵机在高档遥控玩具,如无人机、潜艇模型、遥控机器人中已经得到了普遍应用。

舵机种类繁多,分类方法不同,名称也不同,常用的分类方法及种类如下:

(1) 按采用的能源不同,舵机可分为气动舵机、电动舵机和液压舵机。

(2) 按功用不同,舵机可分为横舵机、直舵机和差动舵机。

(3) 按操舵方式不同,舵机可分为比例式舵机和继电式舵机。

(4) 按照信号种类不同,舵机可分为模拟舵机和数字舵机。

1. 舵机的组成

一般来讲,舵机主要由舵盘、齿轮组、电动机、控制电路、外壳等组成,如图 2-7 所示。

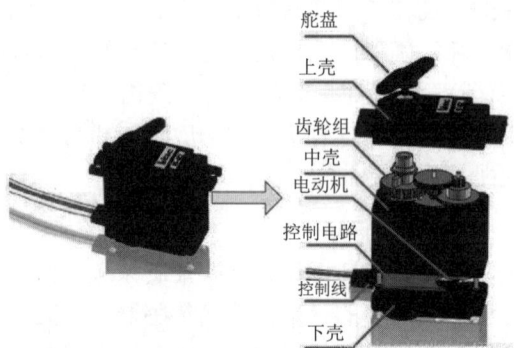

图 2-7　常见舵机的结构

舵机的齿轮组有塑料齿轮、混合齿轮、金属齿轮。塑料齿轮成本低,噪声小,但强度较低;金属齿轮强度高,成本也高,在装配精度一般的情况下会有很大的噪声。小转矩舵机、微舵、转矩大但功率密度小的舵机常用塑料齿轮,如 Futaba S3003 和辉盛的 9 g 微舵。金属齿轮常用于功率密度较大的舵机上,如辉盛的 MG995 舵机。也有使用钛合金作为齿轮材料,如 Hitec,其高强度能保证 3003(宽度为 30 mm,高度为 30 mm)大小的舵机提供 20 kg 以上的转矩。混合齿轮在金属齿轮和塑料齿轮间做了折中。电动机输出齿轮转矩一般不大时,可采用混合齿轮。

舵机都是用信号线的颜色来区分功能的,红色线是电源正极,棕色线是电源负极,橙色线是控制线。舵机的外壳一般是塑料的,特殊的舵机可能会用金属铝合金外壳。金属外壳能够更好地散热,可以让舵机内的电动机运行在更大功率下,以提供更大的转矩输出。金属外壳也可以提供更牢固的固定位置。

2. 舵机的控制原理

舵机的控制电路用来接收信号源的控制脉冲,并驱动电动机转动;齿轮组将电动机的速度呈大倍数缩小,并将电动机的输出转矩放大相应倍数,然后输出;电位器和齿轮组的末级一起转动,测量舵机轴转动角度。电路板检测并根据电位器判断舵机的转动角度,然后控制舵机转动到目标角度或保持在目标角度。舵机的控制原理图如图 2-8 所示。

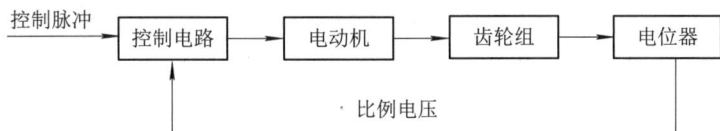

图 2-8   舵机的控制原理图

模拟舵机需要一个外部控制器(遥控器的接收机)产生脉宽调制信号来控制舵机转动角度。脉冲宽度是舵机控制器所需的编码信息,常采用的是传统的 PWM 协议。PWM 信号为脉宽调制信号,它由一系列的方波组成,只有高电平和低电平两种状态。通过调整脉冲的占空比,PWM 信号可以模拟出连续的模拟信号电平,具有模拟信号的特点。模拟舵机具有产业化、成本低、旋转角度大等优点,目前所生产的模拟舵机旋转角度都可达到 185°;其缺点是控制比较复杂。但是,数字型舵机对 PWM 信号的要求较低,不用随时接收指令,可减少 CPU 的疲劳程度;同时也可以进行位置自锁、位置限踪。这方面数字型舵机超越了普通的步进电动机。

舵机的控制常需要一个 20 ms 左右的时基脉冲。该脉冲的高电平部分一般为 0.5~2.5 ms 范围内的角度控制脉冲,总间隔为 2 ms。当脉冲宽度改变时,舵机转轴的角度发生改变,且角度变化与脉冲宽度的变化成正比。以 180° 伺服为例,舵机输出轴转角与输入信号脉冲宽度的关系如图 2-9 所示。

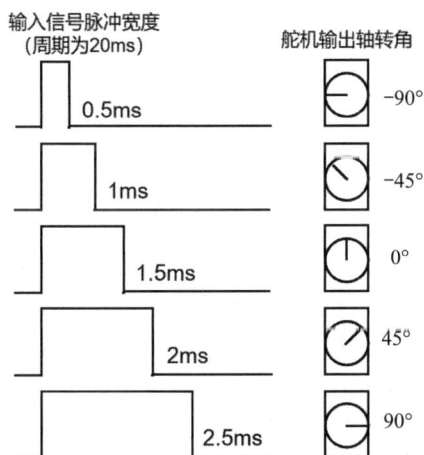

图 2-9   舵机输出轴转角与输入信号脉冲宽度的关系

3. 舵机的性能参数

舵机的性能参数主要有转速、转矩、电压、功率密度等。

(1) 转速：在无负载的情况下，舵机转过 60° 所需时间为舵机转速。常见舵机的转速一般为(0.11～0.21 s)/60°。

(2) 转矩：在舵盘上距舵机轴中心水平距离 1 cm 处，舵机能够带动的物体质量为舵机转矩。若物体质量是 n kg，则舵机转矩为 n kg·cm。

(3) 电压：推荐的舵机电压一般为 4.8 V 或 6 V。当然，有的舵机可以在 7 V 以上工作。较高的电压可以提高电动机的速度和转矩。选择舵机还需要看控制卡所能提供的电压。

(4) 功率密度：舵机的功率(速度×转矩)与舵机的尺寸比值为该机的功率密度。一般同品牌的舵机，功率密度越大，价格越高。

选择舵机时，要对以上几个方面进行综合考虑，需要先计算出转矩和转速，并确定使用电压后，再选择有 150%甚至更大转矩余量的舵机。

四、无人机地面控制系统及定位导航系统

在经济的全面带动下，信息技术得到了进一步发展，未来应用中将会融入更多的信息化和无人化要素。所以，当今无人机战略应用变得越来越重要，各国都开始加大无人机的研究。在这样的发展形势之下，无人机系统得到进一步的开发，而与之相配合的无人机地面控制站也需要不断的优化。

1. 无人机地面控制系统

1) 地面控制系统发展

无人机的快速发展使得无人机地面系统的研究设计极为重要。无人机地面系统的功能也经历了由简单到复杂、由单一到多样的发展史。

20 世纪 20～30 年代，无人机尚无完善的地面系统，对无人机都是使用简单设备的操控。1918 年，美军研制第一架升空的"柯蒂斯"是无人机通过陀螺仪指示方向、无液气压表指示高度来操控飞机的。1933 年，英国空军由水上侦察改装成的"费尔雷昆士"无人机采用地面站无线遥控技术实现控制。直到 20 世纪 90 年代，英美等各国设计并采用了以"捕食者"无人机地面站为代表的复合控制多途无人机地面站，地面站趋于集群化，功能更加多样化，此时的无人机地面站技术已经日趋成熟。进入 21 世纪，无人机地面站的发展速度更加迅猛。例如，以"影子 200"地面站为代表的一体化系统，其地面控制站由两台工作站组成，可以体现一个地面站控制多架无人机。再如，美国的先驱者(Outrider)是一种战术监视和目标捕获无人机。其地面控制站采用视窗系统，交互显示实时视频图像和全任务地图，通过两个液晶彩色显示器分别进行系统控制和传感器数据的显示。与此同时，远距视频终端还能提供对传感器数据的远程监视。当无人机以半自主方式或与导航系统配合以全自主方式飞行时，地面系统可以自动将飞行计划以指令方式传送给无人机执行，或者把飞行计划传送到无人机，由无人机按计划自主飞行。地面控制站可以随时调整无人机执行不同任务，例如令无人机从飞行巡航模式切换至任务执行模式。

2) 主要控制类型

无人机地面控制站根据控制形式的不同可分为较大型控制站、自主携带式控制站和掌上微型控制站。

较大型控制站按自身载体的不同可分为车载、舰载及机载模式，在进行控制应用时能够发出多项任务，并通过控制台、数据链或卫星通信进行任务的分级处理，这样将会有效控制整个荷载情况；其内部由多台高性能服务器组合而成，在国防军事方面展现出良好的应用价值。

自主携带式控制站设置了各种任务规划软件及携带式计算机主体结构，通常通过电台设备进行数据信息的传输，操作人员只需通过键盘鼠标就可发出相关指令，与无人机有效配合。这种携带式控制站往往会体现出良好的操作便利性、机动灵活性、安全稳定性、控制隐蔽性等特点，能够针对外在环境进行充分的适应，在航空监测、侦查、测绘方面展现了良好的实用价值。自主携带式控制站如图 2-10 所示。

图 2-10　自主携带式控制站

掌上微型控制站的自重往往在 10 kg 以下，是为手抛型无人机专门开发的一种地面控制系统。这种无人机控制站包括微型的计算机、遥感控制器、数码传输器等，在手掌上就可以完成控制操作；其内部软件具有强大的应用功能，能够有效完成集成化的应用体现，在单兵作战中已经展现出良好的适应价值。掌上微型控制站如图 2-11 所示。

图 2-11　掌上微型控制站

　　无论哪一类型的无人机地面控制方式，都是整个无人机系统的核心部分，具有很多共同之处——集实时采集图像数据、分析遥测数据、发送遥测指令、实时显示无人机的飞行状态与任务管理等功能于一体的综合且庞大的系统。

　　3) 地面控制系统的功能

　　(1) 飞行器的姿态控制：在各机载传感器获得相应的飞行器飞行状态信息后，通过数据链路将这些数据以预定义的格式传输到地面站。在地面站由 GCS 计算机处理这些信息，根据控制律解算出控制要求，形成控制指令和控制参数，再通过数据链路将控制指令和控制参数传输到无人机上的飞控计算机，实现对飞行器的操控。

　　(2) 有效载荷数据的显示和有效载荷的控制：有效载荷是无人机任务的执行单元。地面控制站根据任务要求达到对有效载荷的控制目的，并通过对有效载荷状态进行显示来实现对任务执行情况的监管。

　　(3) 任务规划、飞行器位置监控及航线的地图显示：在飞行过程中，无人机的飞行航迹受到任务规划的影响。任务规划主要包括处理战术信息、研究任务区域地图、标定飞行路线及向操作员提供规划数据等。飞行器位置监控及航线的地图显示主要便于操作人员实时监控飞行器和航迹的状态。

　　(4) 导航和目标定位：无人机在执行任务过程中通过无线数据链路与地面控制站之间保持联系，在遇到特殊情况时，需要地面控制站对其实现导航控制，使无人机按照安全的路线飞行。随着空间技术的发展，传统的惯性导航结合先进的 GPS 导航技术，成为无人机导航系统的主流导航技术。

　　(5) 与其他子系统的通信链路：用于指挥、控制和分发无人机收集的信息。

　　4) 惯性导航系统

　　惯性导航系统(Inertial Navigation System，INS)也称作惯性参考系统，是一种不依赖外部信息，也不向外部辐射能量(如无线电导航)的自主式导航系统。其工作环境不仅包括空中、地面，还可以在水下。惯性导航系统的基本工作原理是以牛顿力学定律为基础，通过测量载体在惯性参考系的加速度，并将它对时间进行积分，且把它变换到导航坐标系中，就能够得到在导航坐标系中的速度、偏航角和位置等信息。

　　惯性导航系统属于推算导航方式，即从一已知点的位置根据连续测得的运动体航向角和速度推算出其下一点的位置，因而可连续测出运动体的当前位置。惯性导航系统中的陀螺仪用来形成一个导航坐标系，使加速度计的测量轴稳定在该坐标系中，并给出航向和姿态角；加速度计用来测量运动体的加速度，经过对时间的一次积分得到速度，速度再经过对时间的一次积分即可得到位移。

　　惯性导航并不像大家所认为的那样"不靠谱"，如国家的很多战略、战术武器，再如洲际飞行的民航飞机等，都必须依赖惯性导航系统或者惯导系统和其他类型的导航系统的组合。它的造价也比较昂贵，像一台导航级(即 1 小时误差 1 海里)的惯导系统，至少要几十万，而这种精度的导航系统已足够配备在波音 747 这样的飞机上了。现在，随着 MEMS(微电子机械系统)惯性器件技术的进步，商业级、消费品级的惯性导航才逐渐走进寻常百姓家。

(1) 惯性导航系统的优点如下：

① 由于它是不依赖于任何外部信息，也不向外部辐射能量的自主式系统，故隐蔽性好，也不受外界电磁干扰的影响。

② 可全天候、全时间地工作于空中、地球表面乃至水下。

③ 能提供位置、速度、航向和姿态角数据，所产生的导航信息连续性好且噪声低。

④ 数据更新率高、短期精度和稳定性好。

(2) 惯性导航系统的缺点如下：

① 由于导航信息经过积分而产生，因此定位误差随时间而增大，长期精度差。

② 每次使用之前需要较长的初始对准时间。

③ 设备的价格较昂贵。

④ 不能给出时间信息。

惯性导航系统目前已经发展出挠性惯导、光纤惯导、激光惯导、微固态惯性仪表等多种方式。陀螺仪由传统的绕线陀螺发展到静电陀螺、激光陀螺、光纤陀螺、微机械陀螺等。其中，激光陀螺测量动态范围宽，线性度好，性能稳定，具有良好的温度稳定性和重复性，在高精度的应用领域中一直占据着主导位置。由于科技进步，成本较低的光纤陀螺(FOG)和微机械陀螺(MEMS)精度越来越高，是未来陀螺技术发展的方向。

2. 定位导航系统

一般来说，无人驾驶飞行器的导航定位装置大致可分为自主式与非自主式两类。采用线控和遥控方式的无人机基本上都是在目视或无线电测控系统能够"观察"到的范围内飞行，可以不带专门的机载导航定位设备，其航线和飞行状态的修正由地面操纵员适时控制。远程无人机在执行任务时，其活动半径往往已超出地面站观察和测控的范围(使用卫星通信和中继通信的除外)，所以需要采用自主导航方式，由机载导航设备(如惯导、GPS 导航系统等)独立完成精确导航任务。

常见的四大导航系统包括全球定位系统(GPS)、格洛纳斯卫星导航系统(GLONASS)、北斗卫星导航系统、伽利略卫星导航系统(Galileo)。

1) 全球定位系统(GPS)

全球定位系统(Global Positioning System，GPS)结合了卫星及通信技术，利用导航卫星进行测时和测距。美国从 20 世纪 70 年代开始研制 GPS，历时 20 余年，耗资 200 亿美元，于 1994 年全面建成。全球定位系统是具有海陆空全方位实时三维导航与定位能力的新一代卫星导航与定位系统。我国测绘等部门经过近十年的使用表明，全球定位系统以全天候、高精度、自动化、高效益等特点，成功地应用于大地测量、工程测量、航空摄影、运载工具导航和管制、地壳运动测量、工程变形测量、资源勘察、地球动力学等多种学科，取得了良好的经济效益和社会效益。

2) 格洛纳斯卫星导航系统(GLONASS)

GLONASS 已经于 2011 年 1 月 1 日在全球正式运行。GLONASS 系统是苏联从 20 世纪 80 年代初开始建设的、与美国 GPS 系统相类似的卫星定位系统。GLONASS 系统的标准配置为 3 个轨道上设置有 24 颗卫星，而 18 颗卫星就能保证该系统为俄罗斯境内用户提供全部服务。GPS 的卫星信号采用码分多址体制，每颗卫星的信号频率和调制方式相同，不同卫星的信号靠不同的伪码区分。而 GLONASS 采用频分多址体制，卫星靠频率不同来区分，每组频率的伪随机码相同。由于卫星发射的载波频率不同，GLONASS 可以防止整个卫星导航系统同时被敌方干扰，因而具有更强的抗干扰能力。

3) 北斗卫星导航系统

北斗卫星导航系统(BeiDou Navigation Satellite System，BDS)是中国自行研制的全球卫星导航系统，它是继全球定位系统(GPS)、格洛纳斯卫星导航系统(GLONASS)之后第三个成熟的卫星导航系统。目前，北斗卫星导航系统(BDS)和美国 GPS、俄罗斯 GLONASS、欧盟 Galileo 是联合国卫星导航委员会已认定的导航系统。

北斗卫星导航系统由空间段、地面段和用户段三部分组成，可在全球范围内全天候、全天时为各类用户提供高精度、高可靠定位、导航、授时服务，并具有短报文通信能力，已经初步具备区域导航、定位和授时能力，定位精度 10 m，测速精度 0.2 m/s，授时精度 10 ns。

4) 伽利略卫星导航系统(Galileo)

Galileo 系统是欧洲的全球导航卫星系统，提供民用控制的高精度、有承诺的全球定位服务，并能与 GPS 和 GLONASS 全球导航定位系统实现互操作。其服务可用性承诺在所有的情况下，包括非常环境下，当任何卫星有故障后几秒内将通知到用户，这种服务适合于至关紧要的安全应用，如行进中的火车、导航中的汽车和着陆时的飞机。

Galileo 与 GPS、GLONASS 都采用时间测距原理进行导航定位，但其卫星数量多，轨道位置高，轨道面少。Galileo 系统为用户提供 3 种信号：免费使用的信号、加密且需交费使用的信号、加密且需满足更高要求的信号。其精度依次提高，单机测量精度高于 GPS 系统近 10 倍。

定位导航系统

任务 2.2　分析无人机电池及其管理系统

一、无人机的电池

随着无人机发展迅猛，不论是民用、警用还是军用，无人机的重要性日渐明显。无人机的使用不仅可以节约大量的人力、物力、财力和时间成本，还可以在关键场合起到不可替代的作用。以燃料电池为动力系统的无人机兼具内燃机无人机和电池无人机的优点，并彻底克服了两者的缺点。燃料电池是"中国制造 2025"中的一个重要发展方向。

(一)　氢燃料电池动力

氢燃料电池是将氢气和氧气的化学能直接转换成电能的发电装置。其基本原理是电解水的逆反应，即把氢和氧分别供给阳极和阴极，氢通过阳极向外扩散和电解质发生反应后，放出电子并通过外部的负载到达阴极。

1. 氢燃料电池动力特点

1) 无污染

燃料电池对环境无污染。它是通过电化学反应，而不是采用燃烧(汽、柴油)或储能(蓄电池)方式——最典型的传统后备电源方案。燃烧会释放像 CO_x、NO_x、SO_x 气体和粉尘等污染物，而燃料电池只会产生水和热。如果氢是通过可再生能源产生的(光伏电池板、风能发电等)，整个循环就是彻底的不产生有害物质排放的过程。

2) 无噪声

燃料电池运行安静，噪声大约只有 55 dB，相当于人们正常交谈的水平。这使得燃料电池适合在室内或在室外对噪声有限制的地方安装。

3) 高效率

燃料电池的发电效率可以达到50%以上，这是由燃料电池的转换性质决定的，其直接将化学能转换为电能，不需要经过热能和机械能(发电机)的中间变换。

干电池、蓄电池是一种储能装置，能把电能储存起来，需要时再释放出来；而氢燃料电池严格来说是一种发电装置，像发电厂一样，能把化学能直接转化为电能。另外，氢燃料电池的电极用特制多孔性材料制成，这是氢燃料电池的一项关键技术，它不仅要为气体和电解质提供较大的接触面，还要对电池的化学反应起催化作用。

燃料电池发出的电经逆变器、控制器等装置给电动机供电，再经传动系统、驱动桥等带动车轮转动，就可使车辆在路上行驶。与传统汽车相比，燃料电池汽车能量转化效率高达 60%～80%，为内燃机的 2～3 倍。燃料电池的燃料是氢和氧，生成物是清洁的水，它本身工作不产生一氧化碳和二氧化碳，也没有硫和微粒排出。因此，氢燃料电池汽车是真正意义上的零排放、零污染的车。氢燃料是完美的汽车能源。

随着科技的进步，曾经困扰氢燃料电池发展的诸如安全性、氢燃料的储存技术等问题已经逐步被攻克，然而成本问题依然是阻碍氢燃料电池车发展的最大瓶颈。

2. 氢燃料电池动力原理

氢气由燃料电池的阳极进入，氧气(或空气)则由燃料电池的阴极进入。由于催化剂的作用，使得阳极的氢分子分解成两个质子与两个电子，其中质子被氧"吸引"到薄膜的另一边，电子则经由外电路形成电流后，到达阴极。在阴极催化剂的作用下，质子、氧及电子发生反应形成水分子，因此，水可以说是燃料电池唯一的排放物。燃料电池所使用的"氢"燃料可以来自水的电解所产生的氢气及任何的碳氢化合物，例如天然气、甲醇、乙醇(酒精)、沼气等。由于燃料电池利用氢及氧的化学反应产生电流及水，不但完全无污染，也避免了传统电池充电耗时的问题，是目前最具发展前景的新能源方式。燃料电池如能普及并应用在车辆及其他高污染发电工具上，将能显著减轻空气污染及温室效应。氢燃料电池作为动力的固定翼无人机如图 2-12 所示。

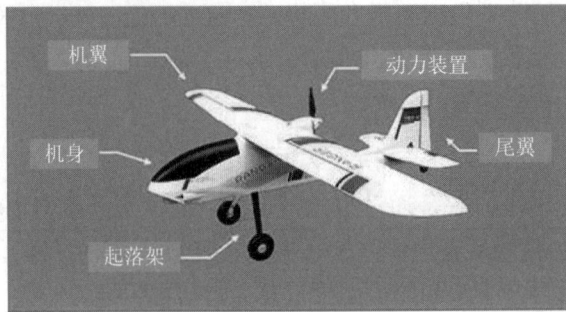

图 2-12   氢燃料电池动力无人机

(二) 油电混合动力

汽油发动机是指以汽油作为燃料，将化学能转化为机械能的热机。燃料混合气经过压缩达到一定的温度和压力后，用火花塞点燃，使气体膨胀做功。汽油发动机通过燃烧气缸内的汽油产生动能，带动连在活塞上的曲柄连杆机构，围绕曲轴做往复的圆周运动而输出动力。

使用燃油发动机、锂电池混合动力的多旋翼无人机及结构如图 2-13 所示。

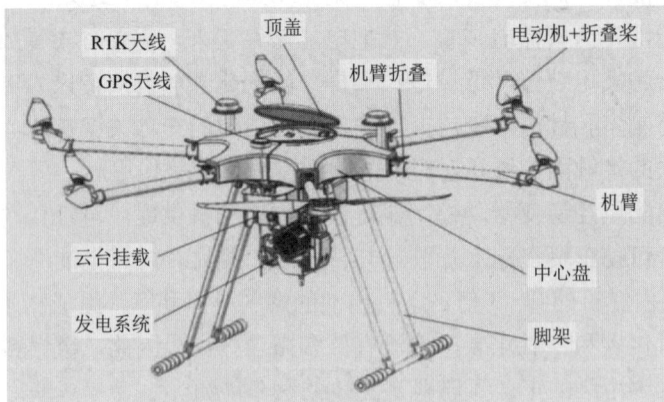

图 2-13   油电混合动力的多旋翼无人机

锂电池的优点主要有：

(1) 使用寿命长。锂电池的使用寿命可达到 6 年以上，磷酸亚铁锂为正极的电池用 1C(100%DOD)充放，有使用 10 000 次的记录。

(2) 能量比较高。锂电池具有高储存能量密度，可达到 460～600 Wh/kg，是铅酸电池的 6～7 倍。

(3) 额定电压高(单体工作电压为 3.7 V 或 3.2 V)。锂电池的额定电压约等于 3 只镍镉或镍氢充电电池的串联电压，便于组成电池电源组。锂电池可以通过一种新型的锂电池调压器技术将电压调至 3.0 V，以适合小电器的使用。

(4) 具备高功率承受力。电动汽车用的磷酸亚铁锂锂离子电池可以达到 15～30 C 充放电能力，便于高强度的启动加速。

(5) 自放电率很低。这是锂电池最突出的优越性之一，一般可做到 1%/月以下，不到镍氢电池的 1/20。

(6) 重量轻。相同体积下锂电池的重量约为铅酸产品的 1/6～1/5。

(7) 高低温适应性强。锂电池一般可以在 −20℃～60℃的环境下使用，经过工艺上处理可以在 −45℃环境下使用。

(8) 绿色环保。不论生产、使用和报废，锂电池都不含有也不产生任何铅、汞、镉等有毒有害重金属元素和物质。

油电混合动力无人机采用燃油发动机产生的大推力使无人机起飞及爬升，在巡航阶段，根据需要开启或关闭燃油发动机，从而提高了航程。当燃油发动机非正常停机时，启用电动机带动副旋翼正转，为无人机提供动力，这样可以防止事故的发生，大幅度提高了安全性能。

(三) 无人机及航模电池

无人机及航模的电池主要分为两类：镍氢电池、锂电池。

1. 镍氢电池

镍氢电池是一种常见的可充电电池，曾在无人机发展的早期阶段被广泛应用。其正极材料为氢氧化镍，负极材料为储氢合金，电解液通常为碱性溶液(如氢氧化钾)。其工作电压是 1.2 V，具有良好的充放电性能，能够满足无人机在起飞、爬升等阶段对瞬时大电流的需求。但是，镍氢电池的能量密度较低，导致其重量较大，从而限制了无人机的小型化和轻量化发展。

2. 锂电池

锂电池是现代无人机中最主流的动力电源，主要包括锂聚合物电池(Li-Polymer)和锂离子电池(Li-Ion)。锂电池因具有高能量密度、轻量化、长循环寿命和低自放电率等优点，成为无人机动力系统的首选。锂电池主要由正极材料(如锂钴氧化物、锂铁磷酸盐等)、负极材料(通常为石墨)、电解液和隔膜组成。在充电过程中，锂离子从正极脱嵌，经过电解液嵌入负极；放电时，锂离子从负极脱嵌并返回正极，从而产生电流。

锂电池在无人机中的应用优势如下：

(1) 提升续航能力：高能量密度使无人机能够搭载更大容量的电池，显著延长了飞行时间。

(2) 增强飞行性能：轻量化设计降低了无人机的整体重量，提高了机动性和负载能力。

(3) 适应多种环境：锂电池在宽温度范围内性能稳定，能够适应不同的飞行环境。

使用锂电池时需要注意以下事项：

(1) 过充与过放保护：锂电池对过充和过放非常敏感，需配备电池管理系统(BMS)以确保安全。

(2) 温度管理：高温或低温环境可能影响锂电池的性能和寿命，需采取适当的温度控制措施。

(3) 存储与运输：锂电池应存放在干燥、阴凉的环境中，并避免剧烈震动或碰撞。

二、无人机电池管理系统

充电器是无人机的关键配件之一，主要作用是为无人机的动力电池充电和放电，这将直接影响无人机电池的使用寿命、效率和安全性。充电器放电功能通常会在保养或者保存不经常使用的动力电池情况下使用。由于无人机使用的是高能量的锂电池，如果瞬间放电，有可能造成爆炸、火灾等危害。无人机电池管理系统主要就是为了智能化管理及维护各个电池单元，监控电池的状态，防止电池出现过充电和过放电，以延长电池的使用寿命。

无人机动力电池充电器具有以下性能：

(1) 具有平衡电压测量分辨率能力，以充分保护电池。

(2) 具有节能环保再生放电功能。

(3) 具有超快平衡电池单片电芯能力。

(4) 能提供智能电源管理系统，可以设置放电电流、电压限制和放电量警告，避免过度放电。

(5) 支持并联充电，在冰点充电板的支持下，可同时为多块电池充电。

无人机动力电池充电器也称为平衡充电器。由于无人机所用的动力电池由多片锂电池串联而成，为了能让串联的锂电池组中每一块锂电池都能平衡电压，同时充满，需要使用专用的平衡充电器。无人机平衡充电器如图 2-14 所示。

图 2-14　无人机平衡充电器

无人机动力电池充电器的充电和放电相关性能如下。

1. 充电

(1) 充电电流：充电电流不得超过产品规格书中规定的最大充电电流(一般情况下为 0.5～1.0 C)，通常建议设置为 1 C 或 2 C。使用高于推荐电流充电将可能引起电池的充放电性能、机械性能和安全性能等问题，并可能导致电池发热或泄漏。

(2) 充电电压：充电电压不得超过产品规格书中规定的限制电压(4.20 V/单体电池)，4.25 V 为每节充电电压的最高极限。(严禁采用直充充电，否则可能造成电芯过充电。)

(3) 充电温度：电池必须在产品规格书规定的环境温度范围内进行充电，否则电池易受损坏。当发现电池表面温度异常时(指电池表面温度超过 50℃)，应立即停止充电。

2. 放电

(1) 放电电流：放电电流不得超过产品规格书中规定的最大放电电流(公式是"毫安数除以 1000 再乘以 C 数"，得出来的就是该电池最大放电电流。不过，在各种虚标 C 数的大背景下，这个理论电流一般都达不到)，过大电流放电会导致容量剧减并导致电池过热膨胀。

用模友们通俗的话说，就是别把电池抽得太猛，这样就算是不过放，电池的寿命(放电率、容量)也会明显下降的。

(2) 放电温度：电池必须在产品规格书规定的工作温度范围内放电。当电池表面温度超过 60℃时，要暂停使用，直到电池冷却到室温为止。

(3) 过放电：过放电会对电池造成毁灭性的破坏，所以放电时最好不得使单体电池的电压低于 3.7 V。

【考 证 训 练】

一、思考题

1. 无人机上常使用的传感器有哪些？各有什么作用？

2. 无人机飞控系统由哪些组成？

3. 常用的导航系统有哪些？

4. 压电式 MEMS 加速度计的工作原理是什么？

二、选择题

1. 多旋翼无人机通过(　　)改变控制飞行轨迹。

A. 总距杆　　　　　　　　B. 转速

C. 尾桨　　　　　　　　　D. 周期变距杆

2. 多旋翼无人机动力系统主要使用(　　)。

A. 外转子无刷电机　　　　B. 内转子有刷电机

C. 四冲程发动机　　　　　D. 喷气发动机

3. 目前，主流的民用无人机所采用的动力系统通常为活塞式发动机和(　　)。

A. 涡轮喷气发动机　　　　B. 涡轮风扇发动机

C. 电动机　　　　　　　　D. 涡轮轴发动机

4. 电动动力系统主要由动力电动机、动力电源和(　　)组成。

A. 电池　　　　　　　　　B. 调速系统

C. 无刷电动机　　　　　　D. 有刷电调

5. 以下不是导航飞控系统组成部分的是(　　)。

A. 传感器　　　　B. 电台　　　　C. 执行机构　　　　D. 机载计算机

6. (　　)是飞行控制的方式之一。

A. 陀螺控制　　　B. 指令控制　　　C. 载荷控制　　　D. 惯导控制

7. 惯导(INS)的主要缺点是(　　)。

A. 漂移　　　　　B. 不受干扰　　　C. 全天候　　　　D. 隐蔽性好

8. 飞控板上的陀螺仪用来测量(　　)。

A. 无人机角速度或无人机姿态　　　B. 无人机角速率或无人机姿态角

C. 无人机角速度或无人机姿态角　　D. 无人机加速度或无人机姿态角

学习情境 3　多旋翼无人机的组装与调试

先导案例

近些年，随着控制技术的智能化发展，民用无人机逐渐向大众化、智能化、行业化快速发展，成为大众化的智能辅助生产工具。目前，多旋翼无人机主要应用于航拍、植保、巡检和航测四个领域。以多旋翼无人机巡检作业为例，路桥管理养护部门使用无人机定期对桥梁进行检查，省时、省力，效果显著；水资源管理部门使用无人机对河道进行巡检，拍摄河道漂浮物、河岸保洁情况，从而克服了河道流域广、地形复杂等因素的限制；农林相关部门使用无人机对耕地、林区进行巡检，从而减少了人工巡检有盲区的问题；电力部门使用无人机对输电线路进行巡检，极大提高了巡检工作质量和安全性。无人机的使用，极大提高了各行业的工作效率，解决了工作中的难点。

学习目标

(1) 培养与时俱进、善于思考、勇于创新的精神。

(2) 认识多旋翼无人机组装调试部件和常用耗材。

(3) 掌握电烙铁的结构、用途、分类、规格和选用等知识，了解多旋翼无人机组装组件、组装步骤和注意事项。

(4) 掌握判断电烙铁温度的方法，以及焊锡丝、电烙铁的操作方法和焊接操作步骤。

(5) 具备组装多旋翼无人机的能力和无人机飞控线路连接及遥控器设置的能力。

任务 3.1 分析无人机零部件选型

一、电机的选型

电机是依据电磁感应定律实现电能转换或传递的一种电磁装置，是电动无人机动力系统的主要组成部件之一，为无人机提供升力和推力。电机转速的大小决定了无人机可以承载的质量；同时，其转速变化的快慢也影响无人机飞行姿态的变换。多旋翼无人机使用的电机可分为有刷电机和无刷电机。

有刷电机内部含有电刷(也称碳刷)，工作时通过电刷和换向器把电机电枢中的电路与外部静止电路相连，实现回路的闭合，运转时会产生电火花。与有刷电机相比，无刷电机去掉了电刷，电机运转时的摩擦力大幅减小，运行更加顺畅，噪声低。

目前，多旋翼无人机上的电机通常采用无刷电机。

1. 有刷电机

有刷电机的发展已非常成熟，其除了将磁铁固定在电机外壳或底座上作为定子，将线圈绕组作为转子，还包括电刷。由于电机工作时转动速度较大，给有刷电机的电刷带来较大的磨损，需要定期更换电刷。

有刷电机具有结构简单、运行平稳、制动效果好、控制精度高等优点；缺点是易发热，寿命短，电刷和换向器之间有摩擦，使其效率降低、噪声增加。另外，有刷电机维护麻烦，需要定期更换电刷，电阻大，效率低，电刷和换向器摩擦会引起火花，对电子设备干扰大。

有刷电机尺寸比较小，价格相对比较便宜，多用于小型玩具飞机和小型无人机上。有刷电机的组成结构如图 3-1 所示。

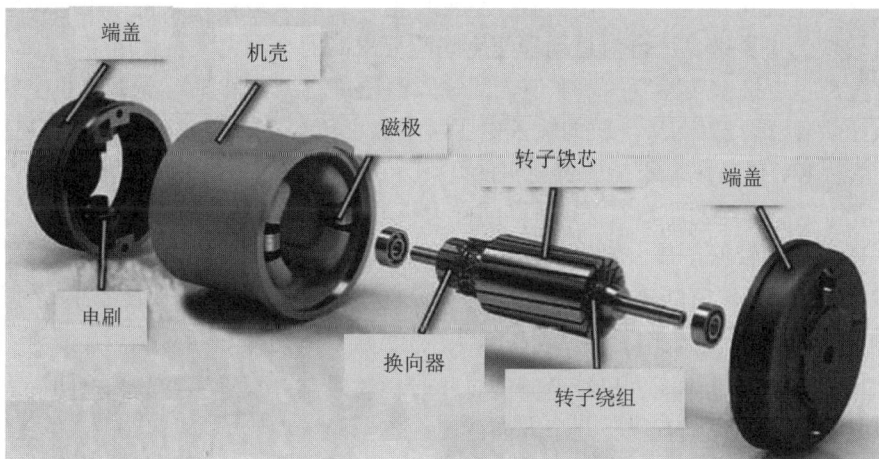

图 3-1 有刷电机的组成结构

2. 无刷电机

为了克服有刷电机摩擦大且产生电火花等缺点，无刷电机应运而生。多旋翼无人机使用的主流电机是外转子三相交流无刷同步电动机。无刷电机具有以下优点：

(1) 运行声音小，适用于噪声要求高的工作环境。

(2) 运转时不会产生电火花，极大减少了电火花对电子设备的干扰。

(3) 寿命长且运行速度大。

除了上述优点，无刷电机也具有造价高和高磁场环境下容易失效的缺点。无刷电机如图 3-2 所示。

图 3-2   无刷电机

3. 无人机电机选型

1) 无人机电机参数认识

通常采用型号、KV 值等参数来表示无人机电机的相关性能。

电机型号一般用 4 位数字表示。例如，4012、2212 等 4 位数表示电机的尺寸，其中前两位数字代表电机定子线圈的直径，后两位数字表示电机定子线圈的高度，单位为 mm。电机越宽，产生的扭矩越大，当配备较大的桨叶时，适合大载荷无人机；越高越窄的电机响应速度较快、更灵敏，适合对运动和速度响应要求高的小型无人机使用。

KV 值是指电机空转速度的增加值，即输入电压每增加 1 V 时，无刷电机空转转速增加值的大小。例如，370 KV 电机的输入电压每增加 1 V，无刷电机每分钟空转转速就增加 370 圈。单从 KV 值考虑，不能评价电机的好坏，因为不同 KV 值使用不同的桨叶。

KV 值与定子绕组的匝数有关，所以同样大小的电机可以有不同的 KV 值。绕线匝数多的电机，KV 值则较低，最大输出电流就小，扭力就较大，需要配备较大尺寸的桨叶；绕线匝数少的电机，KV 值则较高，最大输出电流就大，扭力就小，需要配备小尺寸的桨叶。

2) 无人机电机选型原则

电机的选型需要考虑无人机续航时间、飞行性质、桨叶尺寸等参数。以四旋翼无人机为例，其选择电机的原则有以下几个方面：

(1) 电机工作电压应考虑电调电压，而电调电压则由电池的输出电压决定。为了无人机安全稳定飞行，电池的电压要满足电机的最大电压要求。

(2) 电调的最大电压要小于等于电机能承受的最大电压。

(3) 考虑 KV 值进行选型。一般，大型无人机需要更大的升力，扭矩也更大，所以要选择 KV 值较低的电机；小型无人机要求灵敏度更高，所以要选择 KV 值较高的电机。

(4) 参考桨叶类型进行选型。大尺寸的桨叶运行时阻力较大，对扭矩的要求较高，需要配置低 KV 值的电机；反之，尺寸较小的桨叶需要配置高 KV 值的电机。

(5) 根据无人机的整机重量进行选型。无人机重量、外接设备(如云台、雷达等)重量、负载重量以及电机自身重量的总和，一定要小于电机能够承载的最大重量。为了运行安全，在计算无人机总重量时应给出 10%～20%的重量裕量。

二、电调的选型

本节主要认识电调及电调的作用，了解电调常用参数和电调的选型。

电子调速器简称电调(Electronic Speed Control，ESC)。根据电机不同，电调可分为有刷电调和无刷电调。有刷电调搭配有刷电机，无刷电调搭配无刷电机。有刷电调的作用与开关电源相似，根据飞控的控制信号，输出适当的电压与电流，驱动有刷电机运转。无刷电调是根据飞控系统的控制信号，将电池的直流输入转变成一定频率的交流输出，用于控制电机的转速。

电子调速器将飞控的控制信号转变为电流信号，用于控制电机的转速。多旋翼无人机运行时，电机的电流非常大，为了保护飞控不受大电流的损害，使用电子调速器是必要的。

1. 有刷电调与无刷电调

大部分有刷电调只拥有 4 根线：2 根是输入电源端，接到电源正负极；另外 2 根则是控制电机转速的输出端，接到电机的 2 个电极上。通过改变电流或电压就可以实现对转速大小和方向的控制。有刷电调如图 3-3 所示。

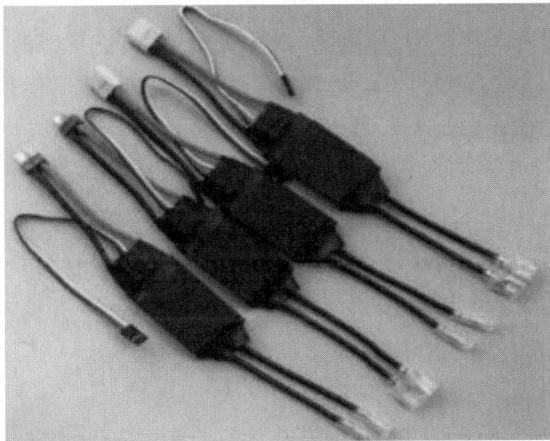

图 3-3　有刷电调

无刷电调输入端同样是拥有 2 根线接正负极电源，输出端则拥有 3 根线，利用这 3 根线不停地改变磁场以驱动无刷电机转子转动。多旋翼无人机一般使用无刷电调。无刷电调如图 3-4 所示。

图 3-4　无刷电调

2. 电调的作用

(1) 驱动无刷电机。将电池提供的直流电转换成三相交流电供给无刷电机，驱动无刷电机旋转。

(2) 调速。根据飞控输出的控制信号对电机的转速进行调节。

(3) 供电。BEC(Battery Eliminate Circuit，免电源开路)电调具有分流供电能力。例如，一个电调上标有 BEC5V1A 的字样时，这个电调能通过杜邦线向飞控或遥控接收机提供 5 V 的电压，即 BEC 电调具有变压器作用，通过转换电池电压以供飞控或遥控接收机使用。

3. 电调的选型

(1) 持续输出电流。电调能持续输出最大电流值。电机最大的输入电流不能大于这个值，否则会烧毁电调。

(2) 输入电压。电调可以正常工作的电压范围是重要的考虑因素。一般来说，2 S～4 S 的锂电池，其有效工作电压范围是 7.4～14.8 V，使用时应确保在有效工作电压范围内工作。

(3) 响应速度。这是电调性能的一个重要指标，响应速度越快，电调的控制效果越好。

(4) 尺寸和重量。电调的尺寸和重量会影响无人机的整体尺寸和重量，进而影响无人机的性能和便携性。因此，在选型时需要考虑无人机的整体设计和需求。

(5) 噪声。电调工作时产生的噪声可能会影响无人机的使用体验，特别是在需要安静的环境下运行时，因此在选型时需要考虑电调的噪声水平。

三、螺旋桨的选型

螺旋桨是指靠桨叶在空气或水中旋转，将发动机转动功率转化为推进力的装置。它是一个翼型面，旋转时利用空气动力学原理产生升力。目前，无人机所使用螺旋桨的材料有木材、塑料、碳纤维等。

1. 不同材料的螺旋桨

木制桨是航空器发明问世以来一直使用的制桨材料，不管是无人机还是载人飞机，其使用一直未曾间断过，具有稳定、振动少、噪声低、厚度大、升力大等优点；其缺点是制作工艺烦琐、成品精度低、后期维护麻烦、易受到天气影响。

尼龙是世界上出现的第一种合成纤维，用这种材料制作螺旋桨，具有易于加工、成本低、加工精度高、重量轻和韧性好等优点，但是其不够坚硬，强度低且易断桨，不适于重载飞行平台使用。

　　碳纤维是指含碳量在 90%以上的高强度、高模量纤维,是多旋翼无人机常用的材料,具有重量轻、抗张强度高、耐摩擦等优点;其缺点是材料无法修复,加工困难,制作成本高。目前,碳纤维、高强度塑料等材料是无人机螺旋桨常用的材料。碳纤维螺旋桨如图 3-5 所示。

图 3-5　碳纤维螺旋桨

2. 螺旋桨选型参数

1) 尺寸

　　螺旋桨的型号由字母+英制单位的四位数表示,字母表示厂家,字母后的前两位数字表示直径,后两位数字表示螺距(也称为桨距)。直径就是螺旋桨直径,是螺旋桨全部展开状态下两个桨尖之间的直线距离。螺距是指桨叶剖面迎角为 0 时,螺旋桨旋转一周沿轴向移动的距离。直径和螺距的单位都是英寸。例如,型号为 8045 的螺旋桨,其螺旋桨直径是 8 英寸,螺距是 4.5 英寸。如果螺旋桨直径大于 30 英寸,则需要除以 10,得出的数才是实际的螺旋桨直径;如果螺距大于 10 英寸,也需要除以 10,得出的数才是实际的螺距。

　　为了抵消无人机螺旋桨的自旋,要求相邻的螺旋桨旋转方向不同。适合顺时针旋转的桨称为正桨,可用 CW 或 L 表示;适合逆时针旋转的桨称为反桨,可用 CCW 或 R 表示。安装时,无论正反桨,翼型向外凸起的一面要和电机旋转方向一致。

　　在选择螺旋桨尺寸前,应先确定无人机能够安装桨叶的最大尺寸,再根据其他需求进行调整。桨叶的最大尺寸是指两个相邻电机之间距离的一半。例如,某台无人机的两个电机之间的距离为 320 mm,则桨叶的最大尺寸就是 160 mm(约等于 6.3 英寸)。因此,在选择螺旋桨尺寸时,不能超过最大尺寸。

　　直径较短的螺旋桨较小,重量更轻,容易通过改变电机转速的方式改变无人机的加速度,通常适合对灵敏度要求较高的小型无人机。螺旋桨的直径和螺距越大,桨叶能提供的升力越大。因此,应根据无人机载荷、综合性能等考虑选择何种尺寸螺旋桨。

　　2) 螺旋桨与电机的匹配

　　螺旋桨越大,升力就越大;螺旋桨转动速度越高,升力也越大。但是,螺旋桨与电机的匹配是一个非常复杂的问题,要从多个方面兼顾。KV 值越大,电机转速就越大,相应的扭矩就很小。如果用高 KV 值电机带动大螺旋桨，则电机的扭矩不够，电机和电调都有可能被烧坏；用低 KV 值的电机带动小螺旋桨，电机和电调不会出现问题，但可能由于升力不够而无法起飞。因此，大螺旋桨一般匹配低 KV 值电机，小螺旋桨匹配高 KV 值电机。

在选择电机时，在电机参数表里一般都有推荐的螺旋桨型号。如某型号电机，推荐使用的螺旋桨型号如表 3-1 所示。

表 3-1　某型号电机推荐螺旋桨型号

X2814　　KV900					
定子外径/mm	28	电机 KV 值	900	最大连续功率/W	570
定子厚度/mm	14	空载电流/A	0.7	重量/g	108
定子槽数	12	最大连续电流/A/S	40/30	转子直径/mm	35
定子极数	14			电机长度/mm	36
最大电池节数	3 S～4 S	ESC(A)	40	出轴直径/mm	4
推荐螺旋桨规格	APC13 × 6.5 APC13 × 8 APC11 × 8 APC11 × 5.5 APC11 × 7				

四、电池的选型

无人机的电池是无人机动力的来源，常用的无人机电池有镍镉电池、镍氢电池、锂聚合物电池等类型。考虑到电池的质量和效率问题，多旋翼无人机多采用锂电池当中的锂聚合物电池。所谓锂电池，即采用含有金属锂元素的材料制作的电池。锂电池包括金属锂电池和锂离子电池两种。

1. 电池分类

电池是电动多旋翼无人机的供电装置，给电机和机载电子设备提供电能。电池的分类方法有很多，按电极液种类不同，可分为碱性电池、酸性电池和有机电解液电池。镍镉电池、镍氢电池都属于碱性电池；锌锰干电池是酸性电池；锂电池和锂离子电池都属于有机电解液电池。

按工作性质和储存方式分类，电池可分为一次电池、二次电池、燃料电池和储备电池。一次电池放电后不能再充电使用，而二次电池能通过充放电反复多次循环使用。镍镉电池、镍氢电池、锂电池和铅酸电池都是二次电池。

按电池所用正负极材料不同，电池可分为锌系列电池、镍系列电池、铅系列电池、二氧化锰系列电池、锂系列电池等。锂电池的主要优点是质量轻、能量密度大、放电能力强。

按电池规格不同，电池可分为 1 号、3 号、5 号、7 号和纽扣电池。

2. 电池电压与容量的选择

目前，工业生产的单节锂聚合物电池的额定电压是 3.7 V。为了让电池获得更高的工作电压和电量，必须对单节电池进行串联或并联构成锂聚合物电池组。通常，串联节数用大写字母 S 表示，并联节数用大写字母 P 表示。例如，1S 即标称电压为 3.7 V，3S 为 11.1 V，4S 为 14.8 V，6S 为 22.2 V。但是，1S 电压并不是恒定的 3.7 V，充满电时电压为 4.2 V，放电完毕后电压会降低到 3.0 V。一般情况下，无人机在 3.6 V 时就会电压报警，最低不得低于 3.5 V，否则会影响电池的寿命。2P 代表 2 组电池并联，并联时电压值不会发生变化，但是会提高电池容量，增加续航时长。例如，3S1P 锂电池表示 3 片单节电池串联，标称电压是 11.1 V。又如，2S2P 锂电池表示 2 片单节电池先串联，再并联，总电压是 7.4 V。

电池容量一般用 mA•h 表示，1000 mA•h 表示电池在 1000 mA 的电流放电情况下可以持续放电 1 小时。因此，同一无人机相同飞行状态下，容量越大，续航时间越长。所以在选择无人机电池时，要根据机载重量和续航需求选择合适容量的电池。

3. 充电倍率和放电倍率的选择

电池在规定的时间内充入或放出其额定容量时所需要的电流值与额定容量的比值，就是电池的充电倍率或放电倍率。充放电倍率代表了电池充电和放电电流的大小。锂聚合物电池能以较大的电流充电或放电，而普通锂离子电池则不能，这是两者最重要的区别之一。充电倍率和放电倍率均以字母 C 表示。例如，容量为 1000 mA•h 的电池，其最大放电电流为 1000 mA，则放电倍率就是 1C。同理，如果一个容量为 1000 mA•h 的电池，它的充电倍率是 2C，那么代表该电池最大的充电电流是 2 A。

因此在选择无人机电池时，要依据电调的最大电流选择电池的充放电倍率。如果电池最大输出低于四个电调的电流之和，那么无人机飞行时就会出现动力不足的情况。

任务 3.2　组装多旋翼无人机

一、组装无人机常用耗材认识及焊接方法学习

在组装无人机时，常常会用到绝缘胶带、高压绝缘自粘带、双面胶带、胶水、螺钉等耗材，不同耗材的特性和使用情况不同。组装无人机前，了解这几种耗材的性能是必要的。除此之外，还需要了解焊锡丝与电烙铁的操作方法。

1. 常用耗材

1) 绝缘胶带

绝缘胶带是一种电工类耗材，又称电工胶布，用于包扎裸露的线头或金属，使其达到良好绝缘的效果，避免意外触电或短路。电工绝缘胶带可分为绝缘黑胶布、PVC 电气阻燃胶布、高压绝缘自粘带等。

(1) 绝缘黑胶布具有良好的绝缘功能，但由于其不具备阻燃和防水功能，已经逐渐被淘汰，只用于民用建筑和家用电器。

(2) PVC 电气阻燃胶布具有绝缘、阻燃和防水三种功能。虽然 PVC 材质延展性较差，不能把接头包裹得很严密，防水性也不是很理想，但它已经逐步取代绝缘黑胶布并被广泛

应用。PVC 电气阻燃胶布如图 3-6 所示。

图 3-6　PVC 电气阻燃胶布

(3) 高压绝缘自粘带一般应用在高电压等级的绝缘方面，由于其具有较好的延展性，防水性能比 PVC 电气阻燃胶布更出色，因此也常常被应用在低压线路和电气设备的绝缘上。与 PVC 电气阻燃胶布相比，高压绝缘自粘带的缺点是强度不高，通常情况下将这两种绝缘胶带互补使用，以达到最佳绝缘效果。高压绝缘自粘带如图 3-7 所示。

图 3-7　高压绝缘自粘带

2) 双面胶带及胶水

双面胶带是以纸、布、塑料薄膜为基材，再将弹性体型压敏胶或树脂型压敏胶均匀涂布在基材上制成的卷状胶带。双面胶带由基材、胶黏剂、隔离纸三部分组成。3M 胶属于双面胶带的一种，是多旋翼无人机组装不可或缺的部分，常用于多旋翼无人机飞控或接收机的粘贴固定。3M 胶如图 3-8 所示。

图 3-8　3M 胶

除了 3M 胶，在多旋翼无人机组装过程中还经常用到螺纹胶黏剂。螺纹胶黏剂简称厌氧胶，既可用于黏结又可用于密封。它具有独特的缺氧胶固化特性，一旦隔绝空气后就迅速聚合变成交联状的固体聚合物，适用于锁紧、密封、固持、黏结、堵漏等方面，目前在航空航天、军工、汽车、机械、电子、电气等行业有着很广泛的应用。

3）螺钉

螺钉主要用于将两个或多个工件进行连接，无人机当中常用的螺钉有圆柱头内六角螺钉和十字螺钉。

圆柱头内六角螺钉的头部是内六角形，这类螺钉可施加较大的扭矩，连接强度较高，可代替六角螺栓，常用于结构要求紧凑，外观平滑的连接处。圆柱头内六角螺钉如图 3-9 所示。

图 3-9　圆柱头内六角螺钉

常用的十字螺钉有十字沉头螺钉(如图 3-10 所示)和十字盘头螺钉(如图 3-11 所示)。其中，十字沉头螺钉的头部呈倒锥形，因头部是平的带有十字槽，又称为沉头机丝、平机螺丝。十字沉头螺钉上紧后表面是平的，螺钉头是沉在工件的内部而不突出表面，比较美观且不会起阻碍作用。

图 3-10　十字沉头螺钉

图 3-11　十字盘头螺钉

十字沉头螺钉通常可随意移除或重新嵌紧而不损其效率，能够重复使用。十字沉头螺钉的用途十分广泛，常用于电力设备、电子机械、机械设备、家用电器、数码产品、水利工程、装修建设等方面。

2. 焊接知识

焊接也称作熔接，是一种以高温或高压方式接合金属的制造工艺及技术。

1) 焊接分类

焊接分为熔焊、压焊和钎焊三种。

(1) 熔焊是指通过加热欲焊接工件，使其局部熔化发生混合现象，待温度降低后产生凝结使焊接物件焊在一起的方法。熔焊适合各种金属和合金的焊接加工。

(2) 压焊是指将焊接物在加热或不加热的状态下实施一定的压力，使其产生塑性变化或融化，通过再结晶和扩散等作用，使两个分离表面的原子连接为一体的方法。

(3) 钎焊采用比母材熔点低的金属材料作为钎料，利用液态钎料润湿母材，填充接头间隙，并与母材互相扩散实现连接焊件的目的。

锡焊属于钎焊中的软钎焊，是将低熔点的金属焊料加热熔化后，渗入金属件连接处充填间隙的焊接方法，因常用锡基合金作为焊料，因此称为锡焊。手工焊接中的锡焊是通过加热的烙铁将固态焊锡丝熔化，借助助焊剂的作用使熔化后的焊锡流入被焊金属之间的间隙中，冷却后形成牢固可靠的焊接点。锡焊常用烙铁作为加热工具，广泛用于电子工业中。

2) 焊接工具

手工焊接使用的主要工具就是电烙铁，合理选择并正确使用电烙铁是保证焊接质量的基础。按机械结构不同，电烙铁可分为内热式电烙铁和外热式电烙铁；按吸锡与否，电烙铁可分为无吸锡电烙铁和吸锡式电烙铁；按电烙铁功率不同，电烙铁可分为大功率电烙铁和小功率电烙铁。

常用的电烙铁是直热式电烙铁，主要由发热元件、烙铁头、手柄、接线柱等部分组成。电烙铁结构如图3-12所示。

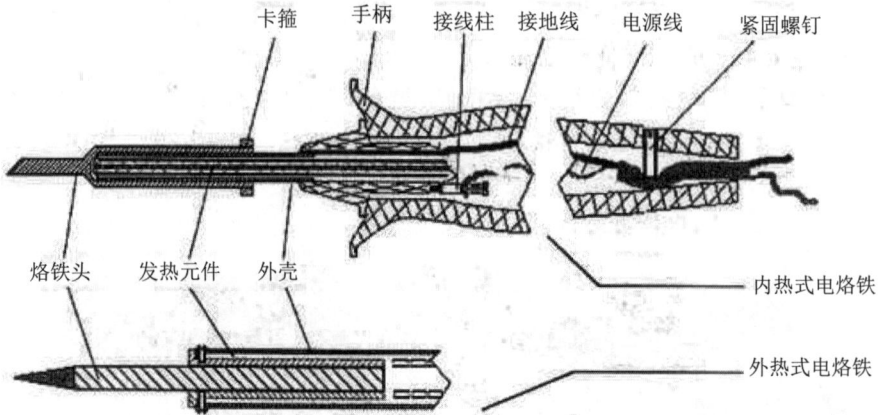

图3-12　电烙铁结构

发热元件是电烙铁中的能量转换部分，俗称烙铁芯子。它是将镍铬发热电阻丝缠在云母、陶瓷等耐热、绝缘材料上制造而成的。烙铁头主要用于进行能量存储和传递，一般由紫铜制成。在使用中，烙铁头会因高温氧化和焊剂腐蚀而变得凸凹不平，需经常对其进行修整。手柄一般由木料或胶木制成，如果手柄设计不良，会在使用时因温升过高影响操作。接线柱位于发热元件和电源线的连接处。一般电烙铁有三个接线柱，其中一个与金属外壳连接，接线时应使用三芯线将外壳接保护零线。

通常情况下，一般印制电路板焊接导线时，可选择 20 W 内热或 30 W 外热恒温式电烙铁；焊接集成电路时可选择 20 W 内热恒温式电烙铁，烙铁头温度可控制在 250℃～400℃范围内。

通常采用目测法判断烙铁头的温度。在烙铁头上熔化一点松香芯焊料，根据助焊剂的烟量大小判断其温度是否合适。温度低时，发烟量小，烟雾持续时间长，约 20 s 以上；温度高时，发烟量大，烟雾消散快，烟雾持续时间约 3～5 s。中等发烟状态即为焊接合适温度，温度大约为 300℃。

3) 焊接材料

焊接材料是用于填充焊缝、堆焊层和钎缝的金属合金材料的总称。焊接材料通常包括锡铅合金材料、助焊剂和阻焊剂。

锡铅合金材料是由锡和铅两种金属按一定比例融合而成的，其中锡所占的比例稍高。纯锡为银白色，有光泽，具有延展性、不易氧化且呈脆性的特点，因此不能直接用纯锡作为焊接材料，需要将其与其他金属融合形成合金使用。纯铅呈青灰色，具有一定的延展性，但是也容易氧化。通常将铅和锡按一定比例融合，形成锡铅合金材料作为焊接材料使用。

助焊剂能够破坏金属氧化膜，使焊锡表面清洁，有利于焊锡的浸润和焊点合金的生成，同时覆盖在焊料表面防止金属氧化，增加金属表面的活性，加快热量的传递。助焊剂通常分为无机类、有机类和树脂类，电子产品装配中常用的是树脂类助焊剂，如松香。松香的焊接残留物不存在腐蚀问题，但反复加热使用后会碳化发黑，失去助焊作用，降低焊接质量。

在某些焊接中，要求焊料只能在规定的焊点上焊接，其他地方要进行隔离，这就需要阻焊剂来实现隔离。阻焊剂具有耐高温的特性，覆盖在需要隔离的区域上起到保护作用。

4) 焊接操作方法

(1) 电烙铁的使用。电烙铁的握法通常包括正握法、反握法和握笔法，如图 3-13 所示。

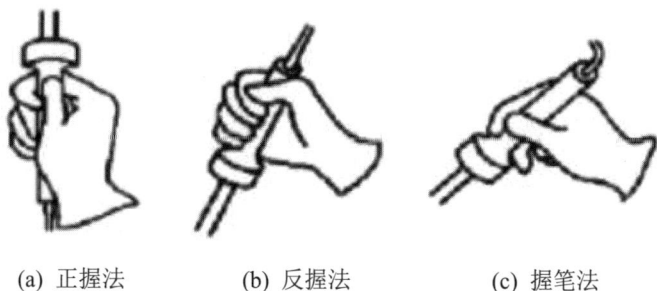

(a) 正握法　　　(b) 反握法　　　(c) 握笔法

图 3-13　电烙铁握法

正握法适合中功率电烙铁或带弯头电烙铁的操作，电烙铁外形通常较大。反握法是用五指把电烙铁的手柄握在掌内，具有动作稳定和长时间操作不易疲劳的特点，适于操作大功率电烙铁和被焊件焊接散热量较大的情况。握笔法一般在操作台上焊接印制板等焊件时采用，适用于小功率电烙铁或焊接散热量小的被焊件，比如焊接收音机、电视机的印刷电路板及其维修等。

(2) 焊锡丝的拿法。进行焊接时，焊锡丝有两种拿法，如图 3-14 所示。

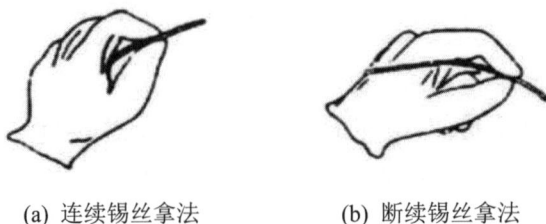

(a) 连续锡丝拿法　　　　　　(b) 断续锡丝拿法

图 3-14　焊锡丝拿法

连续焊接时，一般用拇指和食指握住焊锡丝，焊锡丝从掌中穿过，其余三指配合拇指和食指把焊锡丝连续向前送进，这种焊锡丝的拿法适用于成卷焊锡丝的手工焊接。进行小段焊锡丝的焊接时，可采用断续锡丝拿法，同样用拇指和食指握住焊锡丝，但后续焊锡丝在手背上方，此时焊锡丝不能连续向前送进。注意，连续锡焊时和断续锡焊时焊锡丝的握法有差异，要根据实际情况进行操作方式的选择。

(3) 锡焊的操作步骤。锡焊的操作包括 5 个步骤，如图 3-15 所示。

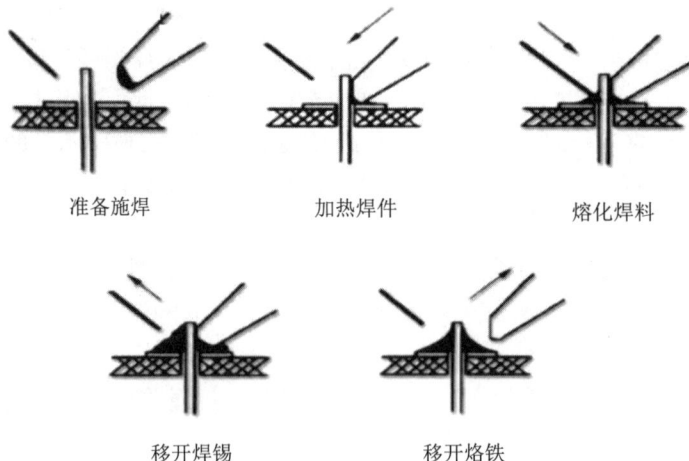

准备施焊　　　　　　加热焊件　　　　　　熔化焊料

移开焊锡　　　　　　移开烙铁

图 3-15　锡焊操作步骤

① 准备施焊。左手拿焊丝，右手握烙铁，进入备焊状态。此时，需要注意电烙铁头部要保持干净，无焊渣等氧化物，并在烙铁头上镀一层锡。焊接前，电烙铁要进行充分预热。

② 加热焊件。将烙铁头刃面紧贴在焊点处，加热整个焊接部位，时间大约 1～2 s。要注意使烙铁头同时接触两个被焊接物，使其达到能够熔化焊锡的温度。加热时，应该让焊件上需要焊锡浸润的各部分均匀受热，防止局部加热导致受热不均。不要采用烙铁对焊件增加压力的办法，以免造成损坏或不易觉察的隐患。

③ 熔化焊料。在焊件加热到能熔化焊料的温度后将焊丝置于焊点，焊料开始熔化并润湿焊点。送入焊丝时电烙铁与水平面大约成 60°，以防熔化的锡被烙铁头带下，烙铁头在焊点处停留的时间控制在 2～3 s。注意，不要把焊锡丝送到烙铁头上。

④ 移开焊锡。当焊丝熔化一定量后，立即向左上 45° 方向移开焊丝。一定注意焊锡丝的用量，量少容易导致不牢固，量多则可能会出现焊锡透过通孔，导致在电路板另一侧

和相邻引脚发生短路。

⑤ 移开烙铁。在焊锡浸润焊件的施焊部位以后，移开烙铁的方向应该是大致 45°方向。移开电烙铁的方向对焊点存留焊锡的量和形状会产生影响，正确的撤离方向可以保证焊锡量和焊点的牢固性。在竖直焊件平面上焊接时，应向斜上方移开电烙铁，以免将大量焊锡带下。

二、多旋翼无人机的组装

在组装无人机前，应先清点机体组装所需组件的名称、数量和规格参数，准备好相应的技术文件，为组装操作做好准备；要熟悉各种装配工具的使用方法，避免由于操作不当引起组件损坏或装配误差。组装时，应保持组装场所干净整洁，防止小零件丢失，同时保持适当的温度和湿度。组装场地内外不应有强烈的震动和干扰电磁场，且必须配备灭火器等消防设施；要严格按照工艺要求进行操作，认真记录和整理组装数据。

1. 无人机组件

本次组装以 F450 机型为例，组装前应准备好所用组件和工具。组件包括无人机机架、中心板、机臂、电机、电调、螺旋桨、飞控系统、电池、遥控器及遥控器接收机等；所需工具包括电烙铁、剪线钳、螺丝刀、扎带等。详细组件、工具的数量如表 3-2 所示。

表 3-2　无人机组装组件及工具

序号	组件或工具名称	数量	序号	组件或工具名称	数量
1	机架	1 个	9	电调	4 个
2	电机	4 个	10	电源管理模块	1 套
3	机臂	4 个	11	遥控器	1 个
4	螺旋桨	4 个	12	遥控器接收机	1 个
5	飞控	1 个	13	电烙铁	1 个
6	LED 信号灯	1 个	14	剪线钳	1 把
7	上/下中心板	各 1 个	15	螺丝刀	1 把
8	GPS	1 个			

2. 无人机组装步骤及注意事项

1) 安装电调和电源管理模块

准备电源管理模块的电源线接头 1 个、电调 4 个。将电源线接头的 2 根线与下中心板对应电源焊点进行焊接，各电调的 2 根线与下中心板对应焊接点进行焊接。焊接时应注意红色线接正极，黑色线接负极，确保焊点牢固且不会出现短路。焊接完成后，应检查是否存在虚焊漏焊的情况，并且用万用表测试各焊点是否存在短路。

2) 机架组装

准备 16 颗内六角螺丝，2 个 CW 电机，2 个 CCW 电机。将电机装在机臂上，使用六角螺丝固定，电机线头顺着机臂方向。需要注意，为了使无人机整体美观，一种颜色的机臂对应安装两种电机，即同一种颜色的两个机臂上，一个安装 CW 电机，另一个安装 CCW 电机。

将组装好的机臂与下中心板进行连接。首先应确定机头方向，通常电源线正对前方为机头，机头前方两个电机安装位置为 M1 和 M2，机尾正对的两个电机安装位置为 M3 和 M4，M1 和 M3 安装 CCW 电机，M2 和 M4 安装 CW 电机。固定好电机后，将电机与电调连线接好，并用扎带将电调绑在机臂上固定牢固。然后将电池与电源管理模块电源线连接好并通电，4 个电机会发出规律的鸣叫声，且电机有微弱的振动感，表明电机与电调接通了。至此，机架组装完成。

3) 飞控安装

准备飞控系统的主控器、电源管理模块、接收机、上中心板。将电源管理模块的信号线一端接到主控器 X2 位置处，使用 5 根舵机信号线将接收机 1 号至 5 号端口与主控器 A、E、T、R、U 端口相接，连接时应一一对应。将 M1 至 M4 电调上的舵机信号线与主控器端 M1 至 M4 对应相连接。使用 3M 胶带纸将主控器固定好，主控器电调输出端应朝着飞行器正前方，并固定在飞行器下中心板的中心位置，操作过程中要确保主控器的所有端口不被遮挡，以便布线及连接电脑进行参数调整。完成前面的操作后，可以将上中心板安装好。最后将所有接线用扎带固定好，以免影响飞行安全。

4) 组装 GPS 和 LED 信号灯

准备 GPS、LED 信号灯。将 GPS 底座安装在上中心板 M4 机臂螺丝孔上，再使用 3M 胶带纸把 GPS 固定在 GPS 支架的顶盘上。固定 GPS 时需要注意安装方向，箭头方向应与机头方向一致。将 GPS 接线口接到主控器的"EXP"接口处。LED 信号灯安装在机尾 M3 机臂处，接线口接到主控器 LED 接口处。

5) 安装螺旋桨

在安装螺旋桨之前，需要判断螺旋桨是正桨螺旋桨(CW)还是反桨螺旋桨(CCW)，CW 电机上应安装正桨螺旋桨，CCW 电机上应安装反桨螺旋桨。正桨螺旋桨顺时针锁定，逆时针解锁；反桨螺旋桨逆时针锁定，顺时针解锁。

任务 3.3　调试多旋翼无人机

一、飞控线路连接

1. 无人机飞控输入与输出连接

飞控系统是无人机完成起飞、空中飞行、执行任务和返场回收等整个飞行过程的核心系统。飞控系统在无人机中的作用相当于驾驶员对于有人机的作用，是无人机最核心的技术之一。

飞控一般包括传感器、机载计算机和伺服执行设备三大部分，能够实现无人机姿态稳定和控制、无人机任务设备管理和应急控制三大类功能。常见无人机飞控如图 3-16 所示。

图 3-16　无人机飞控

飞控接口较多，正面包括激光串口、超声波、I²C 接口、光流串口，左侧包括数传串口、CAN 接口、OpenMV 串口、SWJ 接口，右侧包括 GPS 串口、PowerADC 接口、外置罗盘、Power 接口，后面有信号线路接口及接收机接口。

飞控要固定在中心板上白色方框内，安装时注意飞控箭头与机头方向保持一致，即飞控箭头应指向机头方向，并正对机头。安装在中心板上的飞控如图 3-17 所示。

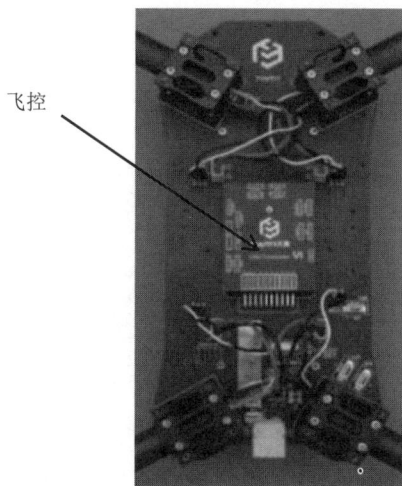

图 3-17　安装在中心板上的飞控

将飞控 PowerADC 接口和 Power 接口与中心板供电端口连接即可实现飞控供电。供电线共有 6 个引脚，可以将其中一路接到飞控的 Power 接口，剩余一路对应接到飞控的 PowerADC 接口。

接收机与飞控相连时，注意接收机需要将信号线连接在飞控的对应接口上，如果是 SBUS 接收机，需要将信号线连接在飞控的 SBUS 接口上；如果是 PPM 接收机，需要将信号线连接在飞控的 PPM 接口。

GPS 引脚一共有两根线，绿色的接中心板，另外一根接飞控的 GPS 串口，即可实现 GPS 供电。GPS 模块如图 3-18 所示。

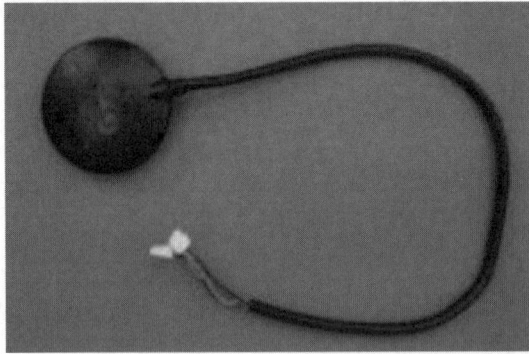

图 3-18　GPS 模块

连接好飞控后，要对飞控进行初始化。首先给飞控进行供电，正常供电后便会进行初始化及陀螺仪校准，听到"嘀嘀"声时代表所有校准完成。校准完成后飞控会进行陀螺仪对准，该过程耗时约 20 s，完成后同样会发出"嘀嘀"的声音。

2. 无人机遥控器与接收机

遥控器是一种无线发射装置，采用现代数字编码技术将按键信息进行编码，再通过红外线二极管发射光波，光波经接收机的红外线接收器转变成电信号，进入处理器进行解码，解调出相应的指令来控制设备完成相关操作。接收机由天线接收电磁信号，理想的接收机能够抑制所有不需要的噪声和其他信号，具有很强的抗干扰性能。接收机能够变换信号的形式和格式，以适合信号处理器检波电路的要求。无人机的遥控器正面如图3-19 所示。

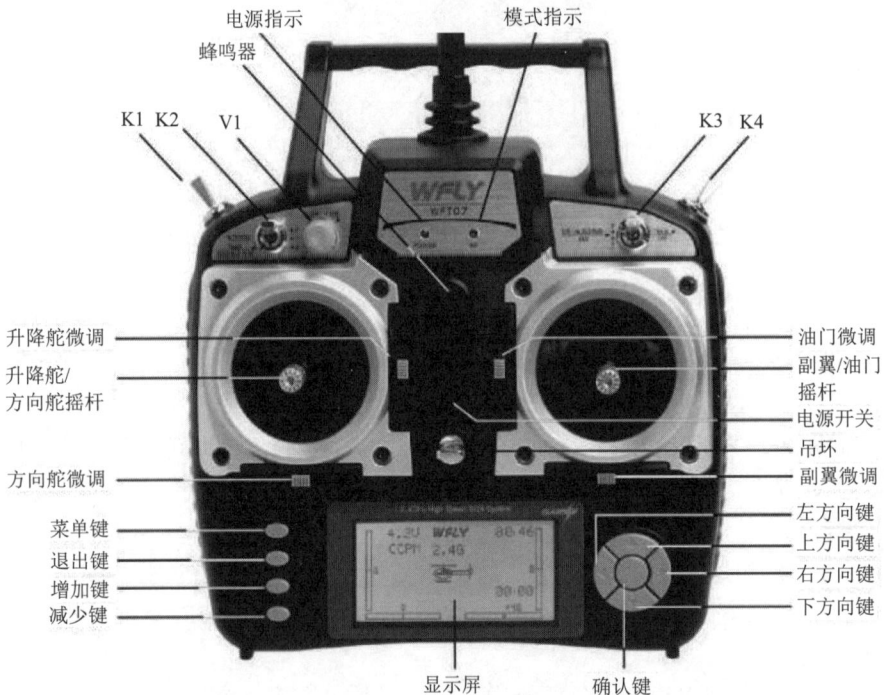

图 3-19　无人机的遥控器正面

无人机的遥控器有两个操作杆，每个杆控制两个动作，常用模式有"美国手"和"日本手"两种。"美国手"是左手控制油门和方向，右手控制升降和副翼；"日本手"是左手控制升降和方向，右手控制油门和副翼。

以 AT9S Pro 遥控器为例，它可储存 15 架模型的数据，在有多架无人机时，可以为每架无人机单独进行模型设置而互不干扰，不需要每次都为不同的无人机重新设置遥控器；可以进行 15 个模型之间的切换，支持模型之间的数据拷贝以及模型名字的修改。

选择目标模型时，只需要移动光标至"选择"，按下"Push"键，当光标变为方框且开始闪烁时，即可转动"Push"键选择模型编号；选中需要使用的模型后，长按"Push"键 1 s 进行确认，按"End"键进行返回。

拷贝目标模型时，移动光标至"拷贝"，按下"Push"键，当光标变为方框且开始闪烁时，即可转动"Push"键选择目标模型编号；选中其他的模型作为目标模型后，长按"Push"键 1 s 进行确认，等待一段时间，可将当前模型的全部设置拷贝至目标模型，按"End"键进行返回。

设置用户名时，移动光标至"名字"，按下"Push"键，选择要设置的字符，再次按"Push"键进行确认，按"End"键进行返回。模型名字共有 9 位字符可供设置，每一位字符需要单独设置，通过转动拨盘，依次确定每个位置的字符或数字，从而设置用户的名字。对每个模型进行命名，可以便于辨认，并可快速选择所需的模型和减小在错误的模型下飞行而导致飞机坠毁的可能性。

遥控器对频时，如果距离太近会导致信号堵塞无法对码，因此需要将发射机和接收机保持 50 cm 左右的距离放在一起。打开发射机电源开关，使遥控器处于开机状态。给接收机通电，长按接收机侧面的"IDSET"开关 1 s 以上，直至接收机"红色/紫色"LED 灯进入闪烁状态时松开。接收机指示灯由闪烁变成常亮代表对频成功。将无人机通电，控制副翼和方向舵，如果舵面有反应，则对频成功。

遥控器与无人
机的连接

二、飞控参数校准

1. 地面站软件调参及遥控器校准

以地面站软件 ACFLY 为例，下载安装完成后，打开该软件。将飞控用 micro-USB 连接到电脑，打开 ACFlY 地面站软件，选择协议、端口类型、端口等参数。在软件界面中依次选择"配置""参数调整""稳定飞行"选项，下拉菜单选择可以支持的机型。由于这里以四旋翼无人机为例，故选择机型时可以选择"四旋翼 X 型"。在此界面中右侧局部图中，标明了电机序号、电机旋转方向和机头方向，系统默认左上角电机为 1 号电机，按逆时针顺序分别为 1、2、3、4 号，对应飞控 M1、M2、M3 和 M4 4 个引脚，如需调整电机转向可勾选界面中的"反向"选项进行设置。在地面软件 ACFLY 中选择机型如图 3-20 所示。

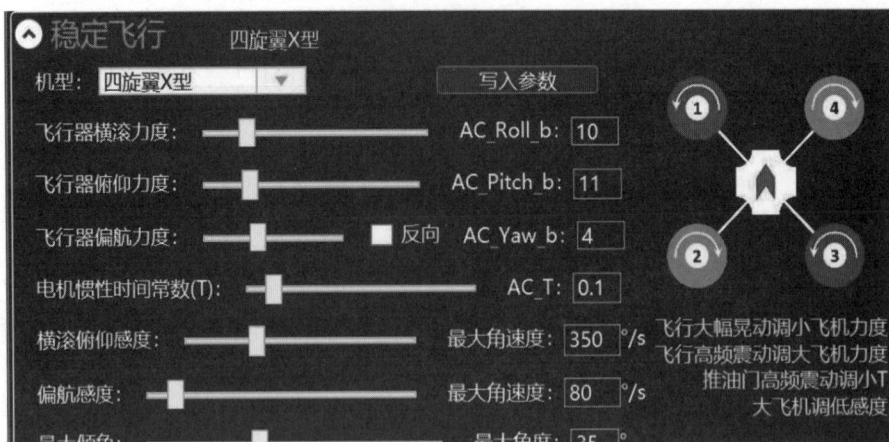

图 3-20　选择机型

　　飞控通电后会初始化和校准，此时状态灯三快一慢闪烁。待状态灯变为三色慢闪时，代表所有校准完成。本飞控要求遥控器至少具有 6 个通道，包含 4 个摇杆和 2 个按钮，最多支持 8 个通道。

　　设置遥控器通道时，首先观察飞控状态灯是否切换至绿灯慢闪，再将飞控用 micro-USB 连接到电脑，打开 ACFLY 地面站软件，在端口菜单栏选择对应飞控端口号，点击连接即可。设置通道时选择对应端口如图 3-21 所示。

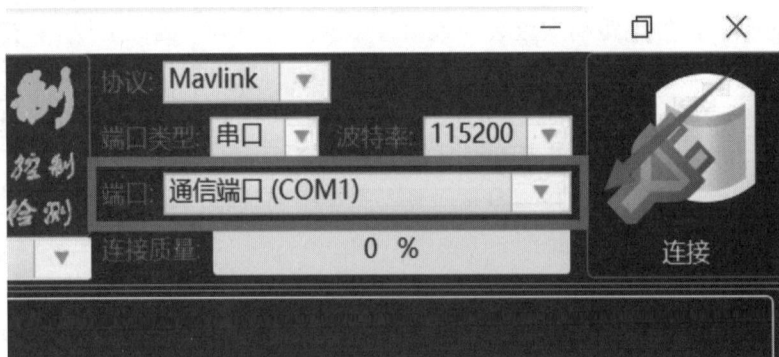

图 3-21　设置通道时选择对应端口

　　校准遥控器时，在遥控器校准界面中进行操作，步骤如下：

　　(1) 打开遥控器，将 4 个摇杆通道回中，根据自身操作习惯在 ACFLY 地面站软件中选择中国手、美国手或者日本手后，点击"校准遥控器"按钮，飞控进入遥控器校准模式。

　　(2) 等待蓝灯闪烁两次，蜂鸣器响两声，表示已记录所有摇杆初始位置。

　　(3) 先按油门最下、偏航最左、俯仰最下、横滚最左的顺序操作摇杆，再按油门最上、偏航最右、俯仰最上、横滚最右、杆回中的顺序进行操作。

　　完成上述操作后，将按钮 1 拨向 1 挡位置后再拨回原位、按钮 2 拨向 1 挡位置后再拨回原位、按钮 3 拨向 1 挡位置后再拨回原位、按钮 4 拨向 1 挡位置后再拨回原位的顺序进行操作。遥控器校准界面如图 3-22 所示。

图 3-22 遥控器校准界面

2. 飞控参数校准与调整

打开 ACFLY 的调参软件即可进行参数校准与调整。电调参数栏如图 3-23 所示。

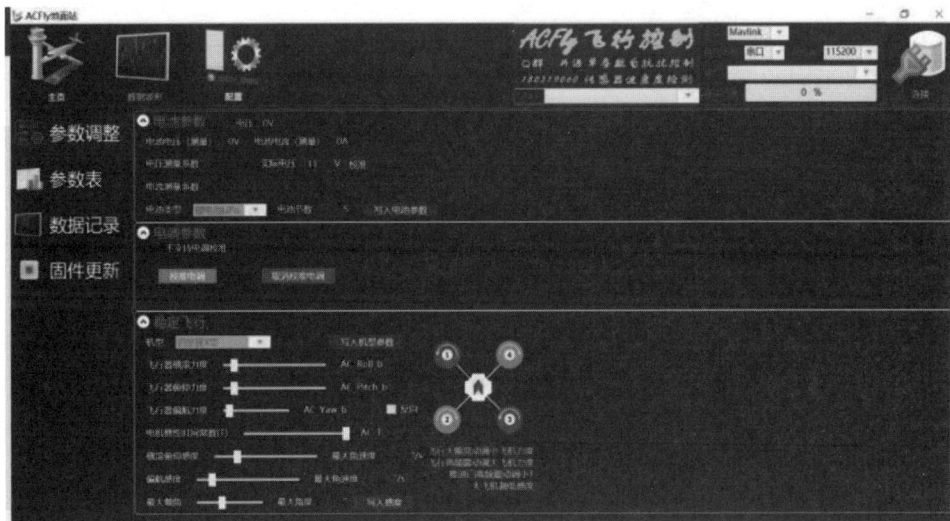

图 3-23 电调参数栏

在校准电调前，为了保证安全，应将桨卸载下来。打开 ACFLY 地面站软件，将飞控通过 micro-USB 与地面站连接成功后，更改参数 Init_CalibESC_T 值为 3，在"配置""参数调整""电调参数"栏中点击校准电调，飞控断电后，用电池给飞控和电机同时供电，此时电调会发出"嘀嘀"响声，表示校准完成。校准完成后将参数 Init CalibESC_T 值改回原值。

校准陀螺仪按照如下步骤操作：观察飞控状态灯是否切换至绿灯慢闪；遥控器控制油门最小、偏航最右、俯仰居中、横滚最右，持续 2 s，进入陀螺校准模式，这时蓝绿快闪；将飞控静止放置持续 5 s，发出"嘀嘀"响声后校准完成，退出校准模式，这时绿色慢闪。如果校准过程中飞控不静止，将会校准失败，出现红灯并"嘀"一声退出校准。

校准加速度计的操作步骤与校准陀螺仪相似：观察飞控状态灯是否切换至绿灯慢闪；

遥控器控制油门最小、偏航最左、俯仰最下、横滚最左，持续 2 s，或点击调参软件中"校准加速"按钮，即可进入 M12_ACCCalib 加速度校准模式；将无人机静止放置持续 5 s，飞控指示灯显示蓝色，且过程中会由暗变亮指示当前进度，表示正在采集数据校准，完成一个面校准后指示灯会闪烁然后变红并且发出"嘀"响声。同样的方法，将六个面校准完毕后会退出校准模式，这时绿色慢闪。飞控指示灯显示红色表示当前面已经校准或者飞控在移动无法校准。

【考 证 训 练】

一、思考题

1. 如何根据 KV 值确定配备的桨叶的大小？

2. 某无人机使用的电机型号是 4012，试解释这个型号的含义。

3. 说说电调选型时可参考哪些因素？

二、选择题

1. KV 值与定子绕组的匝数有关，同样大小的电机(　　)。

A. 可以有不同的 KV 值　　　　　B. KV 值必须相同

C. KV 值可以相同也可以不同　　D. KV 值不影响

2. 为了抵消无人机螺旋桨的自旋，要求相邻的螺旋桨旋转方向(　　)。

A. 相同　　　　　　　　　　　B. 不同

C. 随机安装　　　　　　　　　D. 所有螺旋桨旋转方向同向

3. 大螺旋桨一般匹配(　　)。

A. 低 KV 值电机　　　　　　　B. 高 KV 值电机

C. 任意电机　　　　　　　　　D. KV 值不影响

4. 对于锂聚合物电池，4S 表示(　　)。

Λ. 电池串联，标称电压为 11.1 V　　　B. 电池串联，标称电压为 14.8 V

C. 电池并联，标称电压为 22.2 V　　　D. 电池并联，标称电压为 3.7 V

5. 容量为 1000 mA·h 的电池，最大放电电流为(　　)。

A. 500 mA　　B. 1000 mA　　C. 1500 mA　　D. 2000 mA

6. 按机械结构不同，电烙铁可分为(　　)。

A. 无吸锡电烙铁和吸锡式电烙铁　　B. 内热式电烙铁和外热式电烙铁

C. 大功率电烙铁和小功率电烙铁　　D. 内热式电烙铁和大功率电烙铁

7. 型号为 8045 的螺旋桨，其(　　)。

A. 螺旋桨直径是 8 英寸，螺距是 4.5 英寸

B. 螺旋桨直径是 16 英寸，螺距是 4.5 英寸

C. 螺旋桨直径是 8 英寸，螺距是 9.0 英寸

D. 螺旋桨直径是 16 英寸，螺距是 9.0 英寸

学习情境 4　垂直起降固定翼无人机的组装与调试

先导案例

　　垂直起降固定翼无人机兼具旋翼无人机和固定翼无人机的优点，近些年发展势头迅猛。中航工业成都所研制了一款型号为 VD200 无人机，其有效载荷 20 kg，最大时速可达 260 km，最大航程达 150 km，续航时间达 3 个小时。航天科工集团研制了一款 CH-804D 型垂直起降固定翼无人机，可应用于管线巡查、测绘测量、环境测量等多个领域。江苏数字鹰科技发展有限公司研发的 YFTT-CZ36 型无人机，适用于高寒、高海拔地区，可用于空中指挥、监视、图像采集等任务，可抗 5 级风力。随着无人机技术不断成熟和市场需求不断扩大，国内越来越多的公司和团队投入垂直起降固定翼无人机的研发中，助推无人机技术快速发展。

学习目标

　　(1) 具备查询资料、深入研究、积极解决问题的能力。

　　(2) 培养主动沟通、共同探讨的团队意识和合作精神。

　　(3) 认识垂直起降固定翼无人机的结构、组成及特点。

　　(4) 熟悉垂直起降固定翼无人机的组装步骤。

　　(5) 了解垂直起降固定翼无人机遥控系统和飞控系统的调试。

　　(6) 具备组装垂直起降固定翼无人机的能力，能够对垂直起降固定翼无人机遥控系统和飞控系统进行调试。

任务 4.1　组装垂直起降固定翼无人机

一、认识垂直起降固定翼无人机

固定翼无人机是指飞机的机翼固定不动,依靠机翼的空气动力学特性产生升力的飞机。固定翼无人机一般由机翼、机身、尾翼、起落架和动力装置组成,飞行时需要有较长的跑道,对场地的要求较高,具有飞行速度快、航程大、载运大的优点。旋翼无人机是指通过桨叶旋转而产生升力的一种飞机,具备垂直升降、悬停、低速飞行的特点,不需要跑道,但其缺点是速度低、油耗大、航程较短。

垂直起降固定翼无人机是近些年研发出来的一款新机型,可以把它看作是多旋翼无人机和固定翼无人机的结合。垂直起降固定翼无人机能够以零速度起飞或着陆,具备悬停能力,并能以固定翼的方式水平飞行。它既具备多旋翼无人机起降简单、场地要求低的优点,也具备固定翼无人机航程大、载重大的优点,同时克服了这两种飞机的缺点,目前在测绘、检测、巡检等方面发挥很大的作用。

倾转旋翼机是一种典型的垂直起降固定翼无人机,它将固定翼飞机和直升机融为一体,是一种变模态旋翼机(又称为可倾斜旋翼机),同时具有旋翼和固定翼功能,其外观如图4-1所示。在保证固定翼高速巡航的前提下,倾转旋翼机兼具旋翼飞行器的垂直起降能力,起降受场地限制较小,有很高的灵活性。倾转旋翼机在固定翼的两翼尖处,各装一套可在水平位置与垂直位置之间转动的旋翼倾转系统组件,当飞机垂直起飞和着陆时,旋翼轴垂直于地面,呈横列式直升机飞行状态,并可在空中悬停、前后飞行和侧飞,在军事方面具有广阔的应用领域。

图 4-1　倾转旋翼机

垂直起降固定翼无人机由机体平台、动力系统、飞控系统及通信链路系统组成,其中机体平台包括机身、机翼、尾翼、垂直旋翼等。

机身是垂直起降固定翼无人机的主体部分,主要作用是把机翼、尾翼、起落架等部位连接起来组合成完整飞机。电池或燃料及其他装置都借助机身固定。目前,常用 EPO 泡沫材料及复合材料制作垂直起降固定翼无人机的机身。EPO 泡沫材料是发泡聚苯乙烯和聚乙烯混合体，具有很高的耐撕裂、耐戳穿、耐刮和耐碎裂性，目前在民用无人机行业当中广泛应用。复合材料是将两个或两个以上不同物理性质的材料进行优化组合，制造成为一种新行材料，具有质量轻、抗腐蚀、导热快、隔音好、减振能力强、耐高(低)温、耐烧蚀等特点，易于设计加工，隐蔽性好，是制造飞机、火箭、航天飞行器的理想材料。

机翼是飞机的一个重要部件，机翼的主要功能是产生升力使飞机在空中飞行，同时也起到稳定飞行的作用。在机翼上一般安装有副翼和襟翼，操纵副翼可使飞机滚转，放下襟翼可使升力增大。

尾翼是为飞机提供稳定性、俯冲和偏航控制的部件。垂直起降固定翼无人机的尾翼有 T 形尾翼和 V 形尾翼两种，如图 4-2 所示。T 形尾翼的水平尾翼布置在垂直尾翼的顶端，从飞机正面看，平尾与垂尾构成 T 字形，其名因此而来，其特殊的构造型式避开了机翼尾流的干扰，提高了平尾操纵效率。V 形尾翼由左右两个成一定角度的翼面组成，具有垂尾和平尾的功能。翼面可分为固定的安定面和铰接的舵面两部分，也可做成全动形式。呈 V 形的尾面在俯视和侧视方向都有一定的投影面积，所以能同时起纵向和航向稳定作用。当两边舵面做相同方向偏转时，起升降舵作用；分别做不同方向偏转时，则起方向舵作用。

(a) T 形尾翼   (b) V 形尾翼

图 4-2 T 形尾翼和 V 形尾翼无人机

垂直起降固定翼无人机的旋翼部分包括 4 个螺旋桨、4 个电机和 2 个旋翼轴，如图 4-3 所示。旋翼部分常在起降及低速状态下使用，按照多轴模式飞行。

图 4-3 垂直起降固定翼无人机的旋翼

二、垂直起降固定翼无人机的组装

垂直起降固定翼无人机由机体平台、动力系统、飞控系统、通信链路系统等多个系统组成，机体平台是垂直起降固定翼无人机的主体结构，主要由机身、机翼、尾翼、旋翼等部件组成，在进行垂直起降固定翼无人机组装调试项目时，应先完成机体平台的组装调试。

1. 安装左机翼和左旋翼轴

(1) 放置机身。作为无人机各部件安装和固定的基础，放置机身是组装无人机的第一步。将机身放置在安装平台上，带舱盖一面朝上，机头一边向左，如图 4-4 所示。

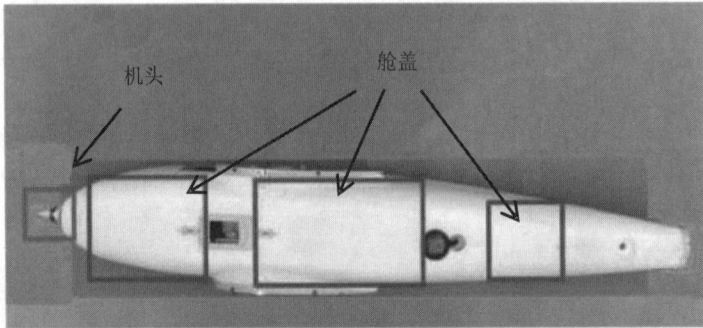

图 4-4　放置机身

(2) 检查左机翼和左旋翼轴。机翼是产生升力的主要部件，也具有操纵无人机姿态变化与稳定飞行的作用。准备好左机翼，检查机翼结构是否完好无损。凸起一面为机翼上表面，带卡扣一面为下表面，副翼活动面朝后，碳杆凸出侧在右侧的是左机翼，如图 4-5 所示，切勿与右机翼混淆。准备左旋翼轴，旋翼轴上面有"L"字母标签标识的为左旋翼轴。

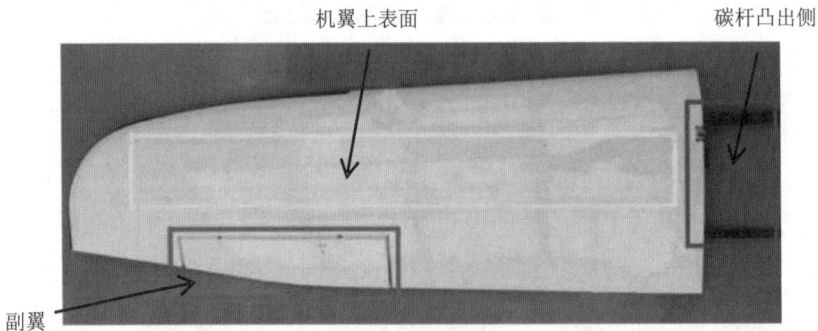

图 4-5　左机翼

(3) 安装连接左机翼和左旋翼轴。把左机翼的卡扣面朝上放置，旋翼轴插口靠近机翼前侧，插口卡扣对准后将旋翼按进卡扣，如图 4-6 所示。

图 4-6　安装连接左机翼和左旋翼轴

(4) 连接左机翼和机身。将装好旋翼轴的左机翼旋翼轴朝下，将碳杆凸出侧对准机身主体插入旋翼。安插过程中，需按压机身主体左侧上方的两个小按钮，持续插入旋翼，直到安装到位为止，如图 4-7 所示。安装完成后，需要左右轻微晃动旋翼，检查旋翼是否插紧。

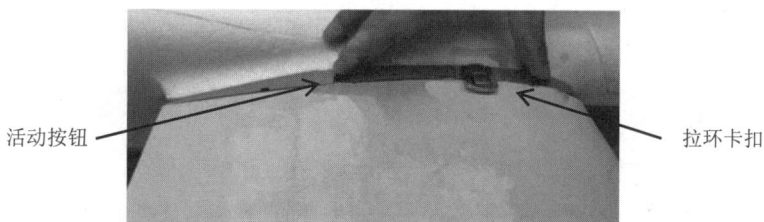

活动按钮　　　　　　　　　　　　　　　　　　　　　拉环卡扣

图 4-7　连接左机翼和机身

2. 安装右机翼和右旋翼轴

安装右机翼和右旋翼轴的步骤与安装左机翼和左旋翼轴的步骤类似，重点是要区分左右侧部件。

(1) 检查右机翼和右旋翼轴。凸起一面为机翼上表面，带卡扣一面为下表面，副翼活动面朝后，碳杆凸出侧在左侧的是右机翼，切勿与左机翼混淆。准备右旋翼轴，旋翼轴上面有"R"字母标签标识的为右旋翼轴。

(2) 安装连接右机翼和右旋翼轴。把右机翼的卡扣面朝上放置，旋翼轴插口靠近机翼前侧，插口卡扣对准后将旋翼按进卡扣。

(3) 连接右机翼和机身。将装好旋翼轴的右机翼旋翼轴朝下，将碳杆凸出侧对准机身主体插入旋翼。安插过程中，需按压机身主体右侧上方的两个小按钮，持续插入旋翼，直到安装到位为止。安装完成后，需要左右轻微晃动旋翼，检查旋翼是否插紧。

3. 安装水平尾翼和垂直尾翼

水平尾翼水平安装在机身尾部，由固定的水平安定面及其后的可转动升降舵组成，如图 4-8 所示。安装时，卡扣一侧朝上放置，碳杆凸出侧朝前放置，并将碳杆凸出侧对准机身主体插入水平尾翼。插入过程中，需按压机身主体后侧上方的小按压环。安装完成后，上下轻微晃动水平尾翼，检查是否安装牢固。

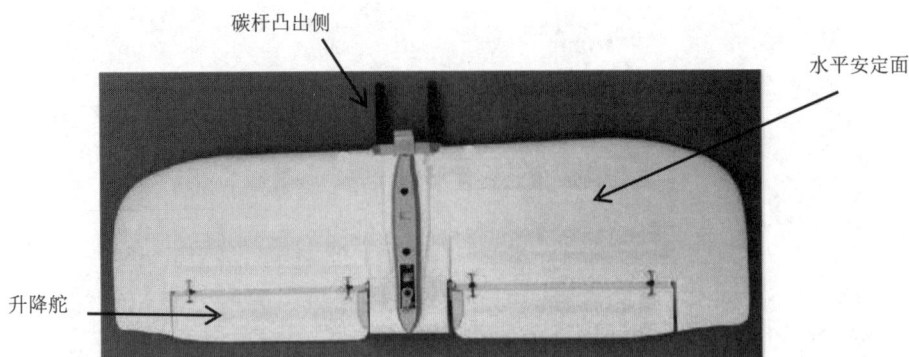

图 4-8　水平尾翼

　　垂直尾翼垂直安装在机身尾部，由固定的垂直安定面及后侧可转动的方向舵组成。安装时，将垂直尾翼垂直放置，活动面朝后，碳杆凸出侧朝下，并将碳杆凸出侧对准水平尾翼上方的两个插口插入垂直尾翼。插入过程中，注意调整方向舵舵机摇臂的突出金属头，使其对准方向舵活动面下方的插口。安装完成后，左右轻微晃动垂直尾翼，检查是否安装牢固，如图 4-9 所示。

　　将安装好的平尾和垂尾与机身进行连接。

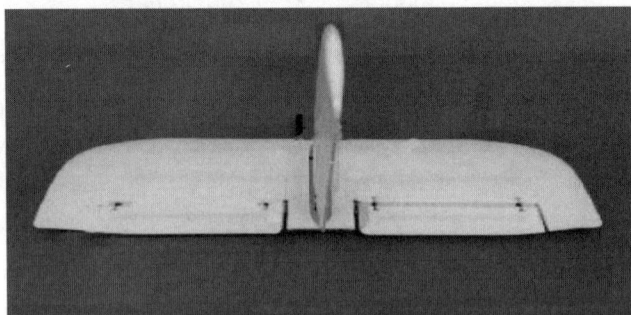

图 4-9　安装完的垂直尾翼

4. 安装前拉桨叶

　　检查前拉桨叶(如图 4-10 所示)的结构是否完整无损，其凸面为迎风面，应朝向机头前方。安装时，逆时针旋转螺旋桨子弹头，将子弹头卸下后，对准机头前面螺杆装上桨叶，再将子弹头装上，用螺丝刀插入子弹头的增力小孔，将螺丝拧紧。

图 4-10　前拉桨叶

任务 4.2　调试垂直起降固定翼无人机

一、遥控系统调试

本任务以 ET07 型全比例 10 通道遥控器为例，介绍遥控系统的调试。

1. 模型的选择与命名

ET07 型遥控器常用于直升机、固定翼无人机、多旋翼无人机等飞行器的控制。ET07 型遥控器的正面如图 4-11 所示。

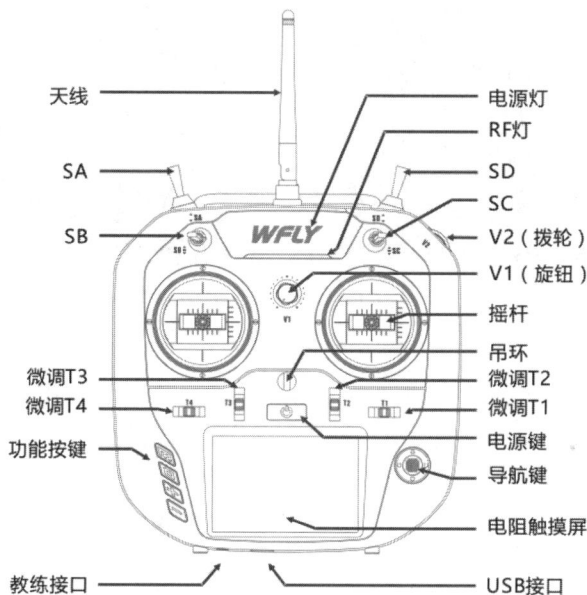

图 4-11　ET07 型遥控器的正面

T1～T4 是微调按键；SA 是长柄两挡按键，SB 和 SC 是短柄二挡按键，SD 是长柄两挡复位按键；V1 是旋钮，V2 是拨轮。长按电源开关 2 s，打开监视器界面，如图 4-12 所示。图中序号①～⑰分别是指：① 发射机型号；② 图标，点击可进入主菜单；③ 普通定时器，长按复位，单击开始或暂停；④ 模式定时器，长按复位，状态由"定时器"菜单设置；⑤ 接收机电压和外部电池电压；⑥ 微调监视器，可实时显示微调状态；⑦ 开机后累计时间，关机后重置；⑧ 模型飞机名称，点击可进入模型选择界面；⑨ 机型，点击进入当前机型菜单界面；⑩ 用户名，点击进入可自定义命名；⑪ 微调状态，显示 T1～T4 微调状态；⑫ 发射机电量；⑬ 接收机信号强度；⑭ 飞行模式；⑮ 混控；⑯ 工作模式；⑰ 锁屏状态。

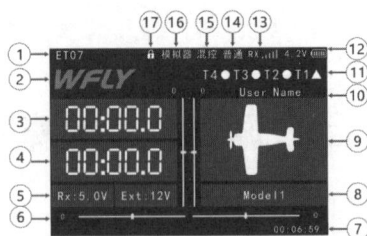

图 4-12　遥控器监视器界面

在遥控器监视器界面中，点击序号②指示的图标，即可进入主菜单，依次选择"系统设置"和"模型选择"，或者直接点击界面中的模型飞机名称，可进入模型选择界面。通过拨动方向键选择所需要的模型飞机名称，按下确认键，并选择"是"后完成模型的选择；也可通过触屏的方式在界面中点击所需要的模型飞机名称，选择"是"后完成模型的选择。操作界面如图 4-13 所示。

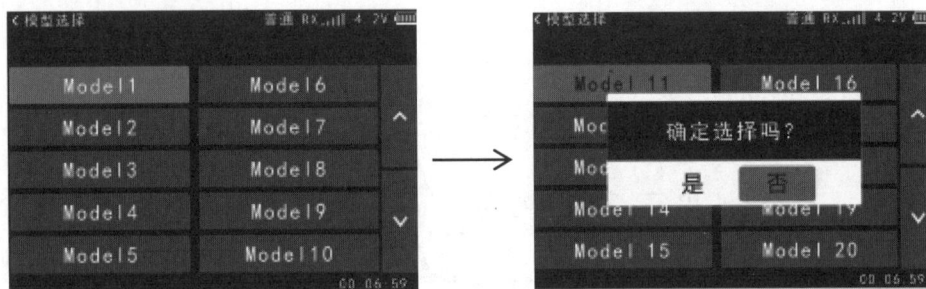

图 4-13　模型选择界面

ET07 型号遥控器中已存储的模型飞机名称均可以改变，每个模型飞机名称最多由 9 个字符组成。为防止错误调用其他模型飞机的存储信息，当前选中的模型飞机名称会显示在待机界面上。

在图 4-12 所示的界面中，点击序号②指示的图标进入主菜单，依次点击"系统设置"和"模型命名"后，通过触屏操作键盘输入新的模型飞机名称，然后点击"OK"按钮即可完成名称更改。点击"EXIT"按钮和按"返回键"按键可取消更改并返回列表。

2. 机型选择

根据使用的模型飞机的机型，可在模型飞机类型中进行选择。遥控器内置了直升机、固定翼&滑翔机、多旋翼三种机型选项。根据选择的机型不同，模型功能中的列表也会跟随变化。机型选择界面如图 4-14 所示。

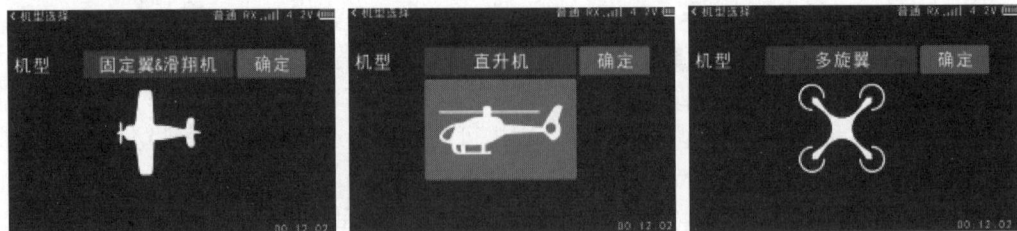

(a) 固定翼&滑翔机　　　　　　(b) 直升机　　　　　　(c) 多旋翼

图 4-14　机型选择界面

选择机型的操作可通过按键或者触屏这两种方式完成。使用按键时，拨动方向键选择"机型"按钮，按下确认键或加减键进行切换机型，选择完机型之后，拨动方向键切换到"确定"按钮进行确认。使用触屏操作时，点击"机型"按钮切换机型，然后点击"确定"按钮，选择"是"后即可完成机型的选择。

3. 摇杆校准

通常，遥控器在出厂前要对摇杆进行校准，如果使用过程中发现摇杆的中心位置发生了变化，需要重新对摇杆进行校准。在图 4-12 所示的界面中，点击序号②指示的图标进入主菜单，依次点击"系统设置"和"摇杆校准"即可进入摇杆校准界面。

校准摇杆的操作可通过按键或者触屏这两种方式完成。使用按键时，根据操作提示的黄色点进行对应摇杆操作，按确认键完成校准，按返回键退出校准界面，不保存校准。使用触屏操作时，点击"开始"校准按钮，根据提示操作摇杆，最后点击"完成校准"进行保存，或点击左上角功能名称退出界面并保存。具体操作步骤包括开始校准、左右摇杆移动到右下角、左右摇杆移动到左上角、左右摇杆移动到中点、校准完成，如图 4-15 所示。

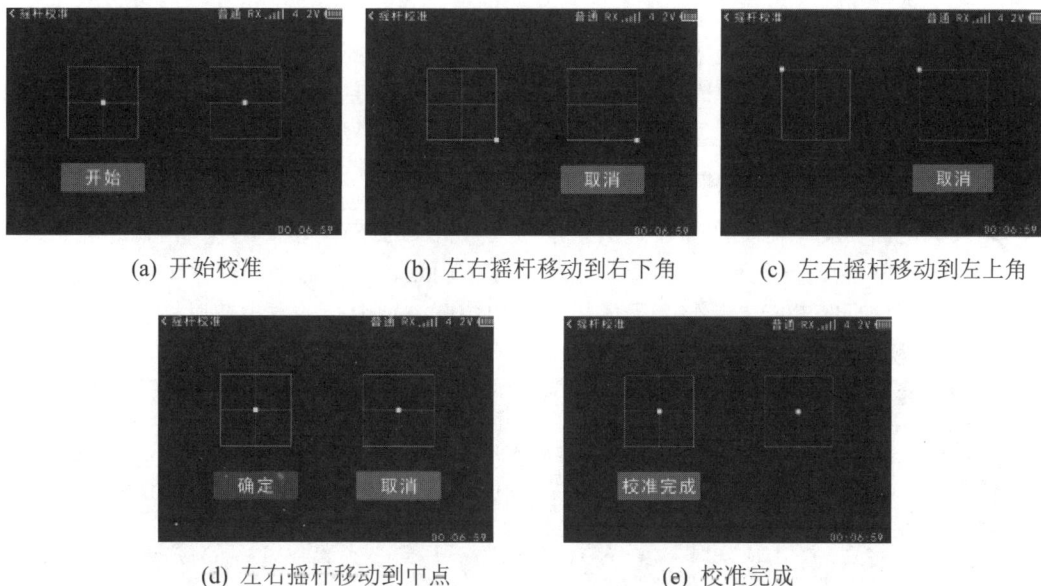

(a) 开始校准　　　　　　(b) 左右摇杆移动到右下角　　　　　(c) 左右摇杆移动到左上角

(d) 左右摇杆移动到中点　　　　　　　(e) 校准完成

图 4-15　摇杆校准步骤

4. 摇杆模式选择

可以根据操作者的操作习惯对摇杆的操作模式进行选择。ET07 型遥控器共有 4 个操作模式，如图 4-16 所示。在图 4-12 所示的界面中，点击序号②指示的图标进入主菜单，依次点击"系统设置"和"摇杆模式"即可进入摇杆模式选择界面。

校准模式的选择可通过按键或者触屏这两种方式完成。使用按键时，按确认键或加减键切换摇杆模式，按返回键退出界面。使用触屏操作时，点击"模式"编号按钮切换模式，点击左上角功能名称退出界面。

(a) 模式 1

(b) 模式 2

(c) 模式 3

(d) 模式 4

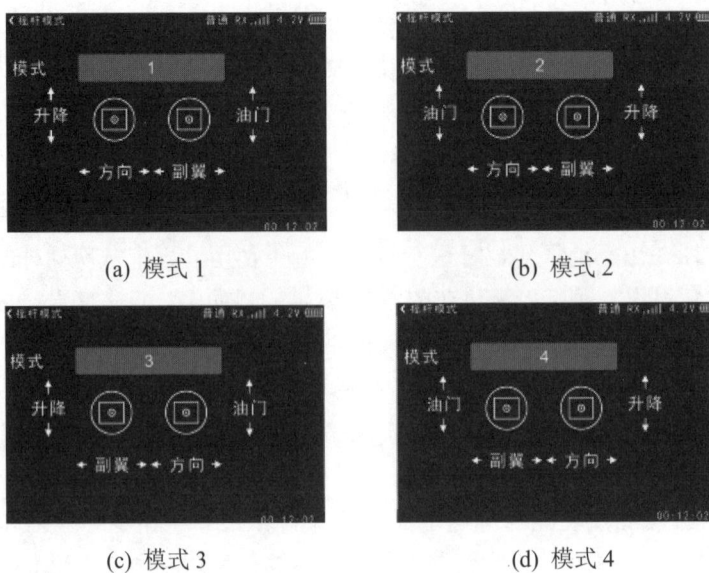

图 4-16　遥杆模式选择

二、飞行控制系统调试

飞行控制系统调试包括识别地面控制站及连接飞机、导入配置文件、设置安装方向、设置遥控器功能、罗盘校准、多旋翼电机测试及设置电池类型、自动返航电压等。

1. 识别地面控制站及连接飞机

无人机地面控制站是地面操作人员直接与无人机交互的重要渠道，在垂直起降无人机运行中具有非常重要的意义。地面控制站具备任务规划、实时监测、数字地图及通信数据的通信与数据处理等功能，是整个无人机系统的指挥控制中心。本小节以极智地面站为例来介绍地面控制站，其界面如图 4-17 所示。

图 4-17　地面站界面

　　下载并安装好软件后，首先要连接飞机。使用数据线将飞机与电脑连接，打开地面站软件，点击界面左上角的"UAV"下拉菜单，选择"连接飞机"选项即可弹出"搜索飞机"界面，如图 4-18 所示。需要更新飞机固件时，可在"UAV"下拉菜单中选择"更新飞机固件"，依据弹出界面的要求进行操作，即可完成固件更新。

　　连接完成后，进行开放高级功能设置。点击地面站界面右上角的"设置"，在"高级设置"子选项中勾选"开放高级设置功能"即可完成高级功能的开放设置。

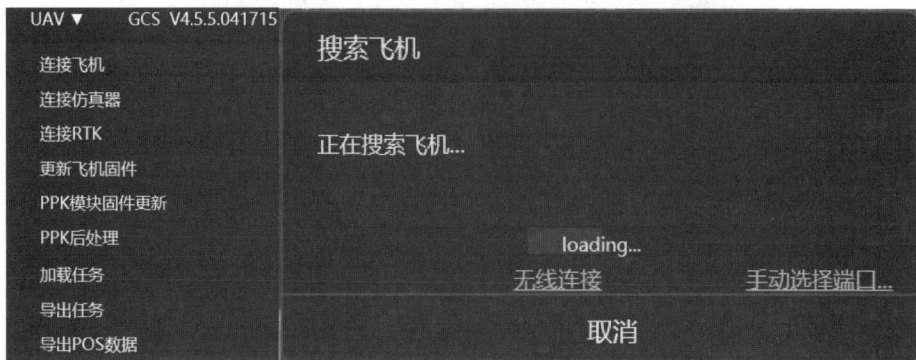

图 4-18　"UAV"下拉菜单及"搜索飞机"界面

2. 导入配置文件并设置安装方向

　　在"UAV"下拉菜单中选择"飞控设置"选项，点击"导入配置文件"，即可导入对应机型的初始配置文件。配置文件中包含机型、遥控配置、安装方向、通道配置、电池和飞行参数等数据。

　　设置安装方向也是在"UAV"下拉菜单的"飞控设置"选项中完成。安装方向包括四种，分别是箭头朝向机头、箭头朝向机尾、箭头朝向左机翼、箭头朝向右机翼，系统默认为箭头朝向机头，如图 4-19 所示。

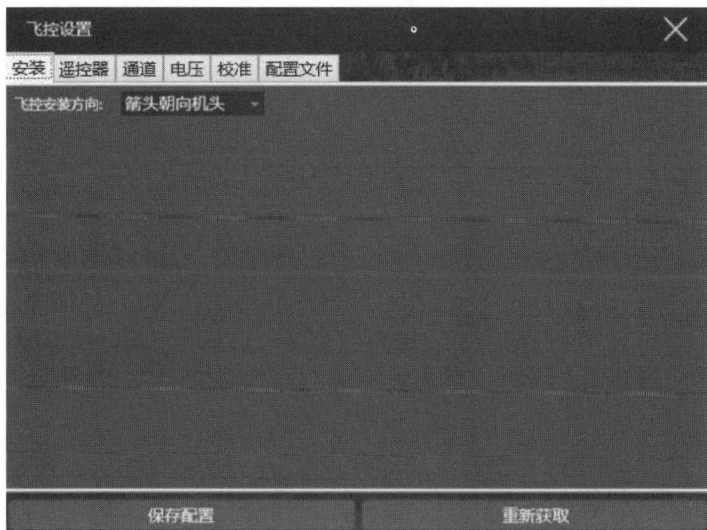

图 4-19　安装方向设置

3. 设置遥控器功能

遥控器功能的设置也是在"UAV"下拉菜单的"飞控设置"选项中完成，遥控器设置界面如图 4-20 所示。点击"遥控器"界面，进行命令杆校准，遥控器的前 4 个通道分别是横滚、俯仰、油门和方向。除了前 4 个通道以外，将遥控的模式通道设置为第 8 通道，控制模式里的模式一设置为"多旋翼自稳"，模式二设置为"固定翼姿态"，模式三设置为"固定翼自动"。测试遥控各通道输入，如果出现反向，则需要设置遥控器通道反向。

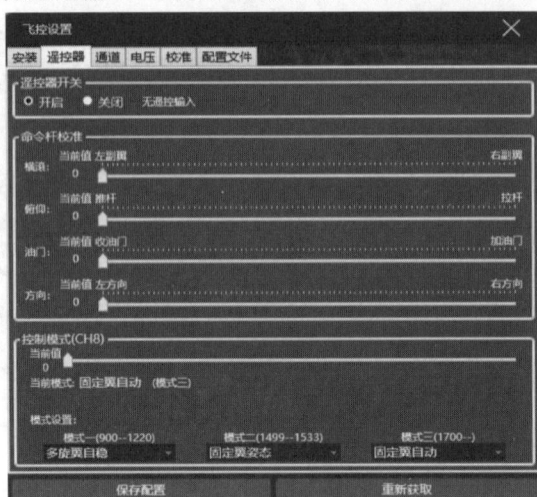

图 4-20　遥控器设置界面

4. 罗盘校准

在"UAV"下拉菜单的"飞控设置"选项中点击"校准"子选项，然后点击界面中的"罗盘校准"即可进行校准，如图 4-21 所示。在进行罗盘校准前，应保证地面站与无人机通过数传连接，无人机需远离磁场干扰。点击"罗盘校准"后，按指示转动无人机，为数据准确，需将飞控多转几圈，每个轴至少转动一圈，也可将飞控按"8"字运动进行校准。在后续的飞机飞行中，如果地面站提示"罗盘受到干扰"，则需要重新校准罗盘。如果校准后飞机仍提示"罗盘受到干扰"，则需检查机身内部布线是否合理，应避免磁罗盘距离电线、电调和电机等设备线路太近，以减少干扰。

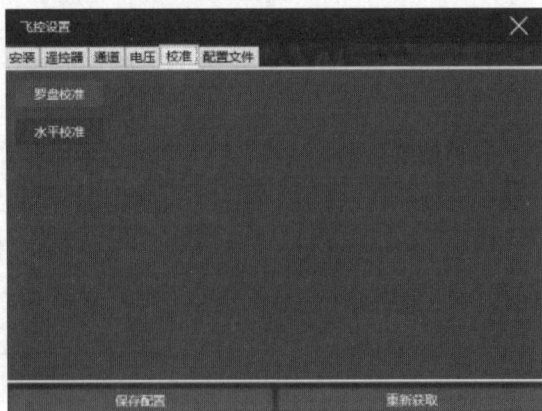

图 4-21　校准界面

5. 多旋翼电机测试及设置电池类型和自动返航电压

在地面控制站主界面右侧，点击"多旋翼电机测试"即可进行电机测试，如图 4-22 所示。多旋翼电机将从机身右前方电机开始按顺时针顺序逐个测试，每个电机将以急速值测试 3 s，测试中需观察测试顺序与电机旋转方向是否正确。

图 4-22　"多旋翼电机测试"界面

在"UAV"下拉菜单的"飞控设置"选项中点击"电压"子选项，即可对电池类型和单节返航电压进行设置，如图 4-23 所示。电池类型选择"6S 锂聚合物电池"，单节返航电压选择"3.60 V"。

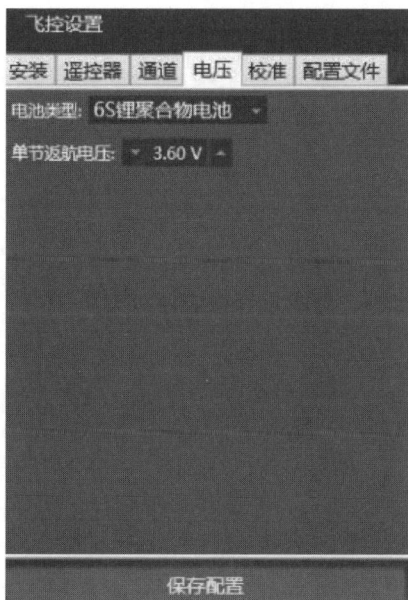

图 4-23　电池类型和单节返航电压设置界面

【考 证 训 练】

一、思考题

1. 多旋翼无人机的技术参数有哪些？

2. 垂直起降固定翼无人机的组装及调试步骤是什么？

二、选择题

1. 为飞机提供稳定性、俯冲和偏航控制的部件是(　　)。

A. 尾翼　　　　　　　　　B. 机翼

2. 倾转旋翼机在固定翼飞机机翼的两翼尖处，各装一套可在水平位置与垂直位置之间转动的旋翼倾转系统组件，作用是(　　)。

A. 飞机垂直起飞和着陆时，旋翼轴平行于地面，呈横列式直升机飞行状态

B. 飞机垂直起飞和着陆时，旋翼轴垂直于地面，呈横列式直升机飞行状态

3. 目前，常用(　　)材料制作垂直起降固定翼无人机的机身。

A. EPO 泡沫材料及复合材料　　B. PVC 材料及复合材料　　C. 3PE 材料

4. (　　)可避开机翼尾流的干扰？

A. V 形尾翼　　　　　　　B. T 形尾翼

5. 能同时起纵向和航向稳定作用的尾翼是(　　)。

A. V 形尾翼　　　　　　　B. T 形尾翼

学习情境 5　无人机的典型应用

先导案例

随着无人机技术的日益成熟，无人机在工业、农业、国防等领域的应用也越来越广泛。比如，无人机航拍、农业、植保、电力巡线、快递运输、安防救援、监控、测绘、高速公路巡检巡查、救灾、影视等领域的应用。

学习目标

(1) 培养创新意识，学会用科学精神与方法分析、解决实际问题。

(2) 掌握无人机航拍应用、无人机农林植保应用、无人机航测应用和无人机巡检应用。

任务 5.1　了解无人机航空拍摄

随着现代科技的进步，摄影方式已不再局限于使用传统的机械照相机或数码照相机进行拍摄，而是不断与新技术融合。无人机航拍就是近年来非常火的一种摄影类别。通过无人机鸟瞰大地，不论是壮美的山河还是繁华的都市，一切极致的景色都能尽收眼底。

航空拍摄也简称航拍，一般是借助航空飞行器，比如直升机、无人机、热气球等，从空中对地面或者对空中的景物进行一种持续的、动态的影像记录。无人机航拍图片如图 5-1 所示。

图 5-1　无人机航拍图片

航拍初期的优点主要体现在视角独特，可以从更高、更宽广的角度来呈现影像，从而带来相对新鲜的视觉体验。

由于技术成本的原因，其缺点也是显而易见的，即机位过高、可控性差。这导致了创作者对航拍的使用方式与范围较为有限，难以很好地实现创作意图。随着技术的进步，无人机技术水准的提高，使用成本的降低，无人机航拍已经不止应用于专业领域，而是更广泛地被大众接受。

一、无人机航拍机型

目前，市面上的无人机航拍机型主要分为消费级无人机和专业的航拍无人机两种。

1. 消费级无人机

最具有代表性的是大疆公司出品的精灵 Phantom4、御 Mavic 等(如图 5-2 所示)，它们的特点是操作简便、容易上手、降低无人机航拍的门槛，让每个人都以极低的成本拥有特殊视角的乐趣。

精灵Phantom4　　　　　　　　御Mavic

图 5-2　大疆无人机

2. 专业的航拍无人机

专业的航拍无人机，比如大疆的经纬系列的无人机，常应用于电影拍摄等专业场合，如图 5-3 所示。随着无人机技术的成熟与发展，无人机航拍几乎已经成为许多电影拍摄中的标准手段，尤其是动作片和含有动作元素的商业影片，对无人机航拍的使用频率和使用方法更加丰富、多元。

经纬系列无人机　　　　　　　　电影中的无人机航拍镜头

图 5-3　专业航拍无人机

二、无人机航拍的技巧

无人机航拍的镜头在影视作品中出现的频率越来越高，这些镜头主要应用了 7 种常用的航拍手法。

1. 直飞

直飞是最简单常用的航拍方法，拍摄如海岸线、公路、城市、街景等都是不错的选择，如图 5-4 所示。通常，飞行器在一定高度固定好镜头的角度，然后保持直线飞行就可以了。镜头角度分为平视直飞、俯视(0～90°之间)直飞，根据镜头角度不同需要，控制好飞行高度和前进的线路。

图 5-4　直飞航拍效果

推荐组合动作有直飞＋升降、直飞＋回转镜头，并可留一定的前景。这样飞行过程中，镜头会不断呈现出画面和细节的变化。为了体现拍摄的规模、数量，也可以应用这种方法。如果前景是个狭窄的空间，直飞穿越之后会呈现出开阔的画面，给人一种豁然开朗的感觉。

2. 后退倒飞

后退倒飞其实就是直飞的倒飞方法，可以根据镜头角度分为平视倒飞、俯视(0～90°之间)倒飞，推荐组合动作为后退倒飞＋升降＋旋转，采用后退倒飞模式，前景不断地出现在观众面前。如果有多层次的镜头，航拍镜头倒飞是一个非常好的选择，选择后退倒飞就像人在倒走，后面是盲区，所以一定要注意后面障碍物。后退倒飞动作也可以组合多变，比如边倒飞边拉升，这样就可以逐渐体现大场景的宽度和高度，而这种由近及远的画面变化感也非常吸引人。

3. 飞越

熟练掌握直飞和后退倒飞之后，就可以练习飞越的模式，推荐组合动作包括飞越＋升降、飞越＋镜头回转、飞越＋转升 180°＋后退倒飞。飞越航拍效果如图 5-5 所示。

图 5-5　飞越航拍效果

飞越是常用的航拍方法，是在基础拍摄方法之上的一种升级的拍摄方法。

(1) 直飞逐步拉升飞越。直飞逐步拉升飞越是飞行器以较低高度直飞，镜头固定角度，接近目标主体过程中逐步拉升飞行器的高度，并且贴近目标上空飞越。

(2) 直飞逐步拉升飞越后俯视。直飞逐步拉升飞越后俯视这个技巧比直飞逐步拉升飞越技巧多了一个镜头动作，操作难度也有所提升。

(3) 抬头。在飞行过程中逐渐调整摄像的角度，从受局限的俯视过渡到开阔的视角，推荐组合动作包括直飞＋抬头、倒飞＋抬头、定点悬停＋抬头。在水面和草地上飞是常见的画面，画面开始的时候俯视水面和地面，然后逐步镜头抬起，以一种未知的、受限的视角过渡到壮阔的前景展现在面前，给人一种豁然开朗的感觉。抬头时，飞行方向也可以多变，可以原地悬停，可以向前直飞，也可以倒飞等，航拍的镜头语言更加丰富。抬头航拍效果如图 5-6 所示。

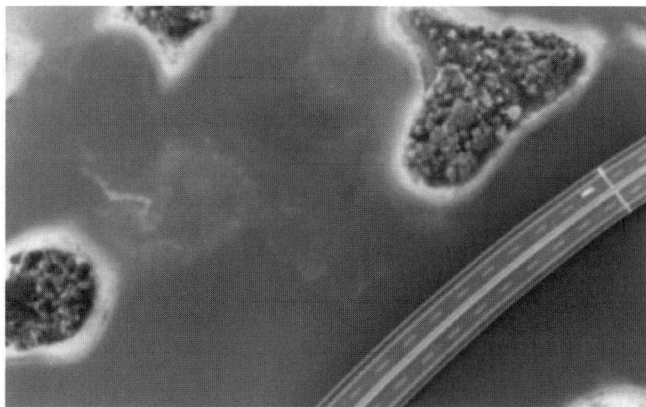

图 5-6　抬头航拍效果

4. 升降

升降也是常用的航拍镜头语言，视野从低空到高空或者从高空到低空，推荐组合动作包括升降＋直飞、俯视升降＋旋转。升降可以分为常规升降和俯视升降。

(1) 常规升降的镜头向前，无人机垂直拉伸或者下降高度，用得比较多的是拉伸的镜头。

(2) 俯视升降又分为俯视拉升和俯视下降。

① 俯视拉升是镜头完全垂直向下，随着高度的增加，视野从局部迅速扩张至全景，凸显以小渐大的画面效果。

② 俯视下降则相反，如果在俯视拉升的时候加上旋转，边旋转边拉伸可以使画面更加吸引人。这个动作使用美国手柄操作比较简单，只需要操作左手一个杆即可。

5. 侧飞(侧向飞行、斜线飞行)

从目标一侧飞向另一侧，推荐组合动作包括侧飞＋升降、斜线侧飞＋升降＋直飞。

一般情况下，如果无人机靠近目标，那么画面遮挡的会比较多，侧飞过目标画面逐渐移开前景出现背景，这是常见的拍摄手法，其特点是离目标较远，画面张力弱，常用于跟踪物体的拍摄。图 5-7 所示为拍摄运动中的汽车，这是很多汽车广告航拍常用的手法。在拍摄城市的时候，采用侧飞的方法会带来高楼林立的视觉变化。另外，侧飞也可以采用俯视侧飞或者带角度的俯视侧飞。

图 5-7　侧飞航拍效果

6. 旋转和环绕

旋转和环绕是不同的拍摄方法，比较难于掌握，推荐组合动作包括旋转＋升降、环绕＋螺旋拉升。旋转是以无人机自身为中心旋转镜头进行拍摄，用于呈现俯摄四周的环境。环绕俗称刷锅，是以目标为中心无人机围着拍摄，比较适合拍摄孤立的目标。在采用旋转和环绕的方法进行航拍时，一定要控制好无人机的飞行速度，尽量保持匀速绕圈，这样拍出来的画面才会优美动人。旋转和环绕航拍效果如图 5-8 所示。

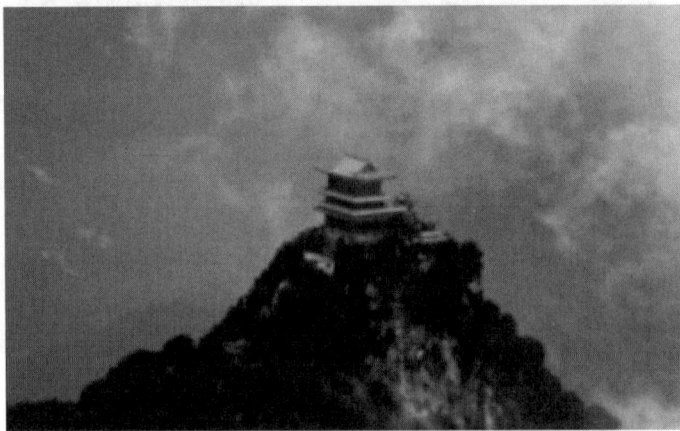

图 5-8　旋转和环绕航拍效果

任务 5.2　了解无人机农林植保

无人机进入农业生产领域，是传统农业转向现代化农业的标志。我国是全球农药用量第一大国，传统手工施药方式的农药利用率远远低于世界先进国家的水平。从 2012 年起，无人机开始进军农业植保领域，截至 2023 年 12 月，我国植保无人机数量已超过 20 万架，发展速度迅猛。植保无人机主要在液态化学农药、植物生长调节剂的喷洒，种子和肥料的播撒等方面发挥了重要作用。

　　传统植保作业的特点是投入的劳力多、劳动强度大，有持药人员中毒的风险，目前使用较多的植保机械以手动和小型机动的喷雾机为主，其他的还有拖拉机、悬挂式植保机械。传统植保作业的缺点是农药用量越来越大、作业成本越来越高，而且浪费严重、资源有效利用力低下、作物产量和质量难以得到保障，同时带来严重的水土资源污染、生态系统失衡、农产品品质下降等问题，无法适应现代农业发展的要求。传统植保如图 5-9 所示。

图 5-9　传统植保

一、植保无人机结构

　　多旋翼植保无人机包括：① 主机身；② 飞机控制系统，安装于主机身内；③ 旋翼安装架，可更换地套接在主机身上；④ 多个旋翼动力支臂，选择性安装在旋翼安装架上；⑤ 功能吊舱，可更换地安装在主机身的下方；⑥ 起落架，与功能吊舱连接。多旋翼植保无人机结构如图 5-10 所示。

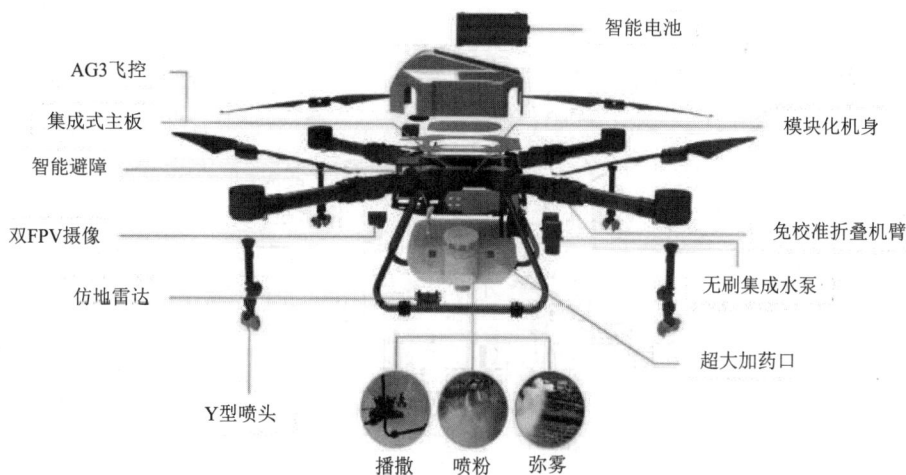

图 5-10　多旋翼植保无人机结构

二、无人机植保的优势与特点

　　植保中常用的无人机包括 25 kg 有效载荷的单旋翼油动力无人机和 15 kg 有效载荷的多

旋翼电动无人机。这两种无人机作业的年度收益分别是传统机械喷雾机的 33 倍和 25 倍，是人工手动喷雾(不计算人工成本)的 133 倍和 93 倍。

无人机植保有以下几方面的特点：

(1) 作业速度快，突击能力强，应对突发、爆发性病虫害防控效果好。

(2) 无人机飞行产生的下降气流驱动叶片使叶片正反面都能着药，防治效果相对于传统方式提高了 15%～35%。

(3) 单位面积的农作物药业的覆盖密度高，对农作物的穿透性强、飘失少，药液沉积量和药液覆盖率都优于常规，从而减少了农药使用的总量，降低了对环境的污染。

(4) 不受农作物长势的限制，可以解决农作物生长中后期地面机械难以下田作业的问题。

(5) 减少了工作人员接触农药的时间，保障了工作人员的健康安全，有利于资源的有效利用和环境保护。

目前，国内销售的植保无人机分为两类，油动植保无人机和电动植保无人机，二者对比如表 5-1 所示。

表 5-1　油动植保无人机与电动植保无人机对比

	油动植保无人机	电动植保无人机
优点	(1) 载荷大，载荷范围为 15～120 L； (2) 航时长，单架次作业范围大； (3) 燃料易于获得，采用汽油混合物作燃料	(1) 环保，无废气，不造成农田污染； (2) 易于操作和维护，一般 7 天就可操作自如； (3) 售价低，一般在 10 万～18 万，普及化程度高； (4) 电机寿命可达上万小时
缺点	(1) 由于燃料是采用汽油和机油混合，不完全燃烧的废油会喷洒到农作物上，造成农作物污染； (2) 售价高，大功率植保无人机一般售价在 30 万～200 万； (3) 整体维护较难，因采用汽油机为动力，其故障率高于电机； (4) 发动机磨损大，寿命 300～500 小时	(1) 载荷小，载荷范围为 5～15 L； (2) 航时短，单架次作业时间一般为 4～10 分钟，作业面积为 10～20 亩/架次； (3) 采用锂电作为动力电源，外场作业需要配置发电机，及时为电池充电

三、无人机植保流程

无人机植保是技术性很强的工作，要求飞手不仅会操作无人机，还要掌握植保的知识，并且能做好农药防治工作。以下为具体的植保流程：

(1) 了解植保农作物相关情况，确定防治农作物的类型、作业面积、地形、病虫害情况、防治周期、使用药剂类型以及其他特殊要求。

(2) 勘察地形是否适合植保作业，确定农田中不适宜作业区域，掌握农田病虫害情况报告。

(3) 进行植保作业时应提前查知作业地方近几日的天气情况，提前确定这些数据确保作业的安全性。

(4) 准备无人机的动力设备，包括电池(一般准备 5～10 组)以及配备的相应充电器。如果作业现场不方便充电，还要准备发电设备。

(5) 准备作业需要的物资，包括配置好的农药、水桶、对讲机以及相关的防护用品(如眼镜、口罩、工作服、遮阳帽等)等。植保无人机作业准备如图 5-11 所示。

图 5-11　植保无人机作业准备

(6) 开始喷洒前要熟悉地形，检查飞行线路上有无障碍物，确定无人机的起降点，规划好作业的基本航线。一般采用智能规划作业航线，即无人机使用高精度微波雷达采集数据，自动测绘出需要植保作业的农作物表面积，在智能工具上自动生成无人机农业植保作业航线。

(7) 结束喷洒作业后记录作业结束点，方便第二天继续前一天的作业位置进行喷洒；对植保无人机系统进行检查，并且清洗保养无人机，检查各项物资的消耗，比如农药、汽油、电池等；记录当天的作业亩数和飞行架次，记录当日的用药量与总作业的亩数是否吻合等，从而为第二天作业做好准备。

(8) 精准作业。在常规植保作业中，时常出现无人机掉高或者飞不直的情况，并容易出现重喷或漏喷现象，很难做到精准作业。而无人机采用 RTK(实时动态差分定位技术)，可以使飞行误差控制在厘米级范围内，能实现高精度自主飞行，并且解决农药重喷、漏喷的问题，提升农药使用效率，大大降低农药用量和成本，切实实现精准作业的要求。

四、无人机植保注意事项

在进行无人机植保时应该注意以下事项：

(1) 远离人群，保证安全。

(2) 操作无人机之前，首先要保证无人机的电池及遥控器的电池有充足的电，之后才能进行相关的操作。

(3) 严禁酒后操作无人机。

(4) 严禁在人头上乱飞。

(5) 严禁在下雨时飞行。水和水汽会从天线、摇杆等缝隙进入发射机，并可能引发失控。

(6) 严禁在有闪电的天气飞行。这是非常危险的！

(7) 一定要保持无人机在自己的视线范围之内飞行。

(8) 远离高压电线飞行。

(9) 安装和使用遥控无人机需要专业的知识和技术，不正确的操作将可能导致设备损坏或者人身伤害。

(10) 要避免发射机的天线指向无人机，因为这样是信号最弱的角度。要用发射机天线的径向指向被控的无人机，并应避免遥控器和接收机靠近金属物体。

(11) 2.4 GHz 的无线电波几乎是以直线传播的，要避免在遥控器和接收机之间出现障碍物。

(12) 如果发生了无人机坠落、碰撞、浸水或其他意外情况，要在下次使用前做好充分的测试。

(13) 无人机和电子设备要远离儿童。

(14) 当遥控器电池组的电压较低时，不要飞得太远，在每次飞行前都需要检查遥控器和接收机的电池组。不要过分依赖遥控器的低压报警功能，低压报警功能主要是提示用户何时需要充电，没有电的情况下会直接造成无人机失控。

(15) 当遥控器放在地面上时，请注意平放而不要竖放，因为竖放时会被风吹倒，这就有可能造成油门杆被意外拉高，引起动力系统的运动，从而造成伤害。常见的危险标识如图 5-12 所示。

当心触电　　　　有电危险　　　　注意安全

当心机械伤人　　当心高温　　　　当心伤手

图 5-12　常见的危险标识

任务 5.3　了解无人机航测

无人机航测是对传统航空摄影测量手段的有力补充。随着无人机与数码相机的发展，基于无人机平台的地理测绘技术已经显示出独特的优势，广泛应用于重大工程建设、灾害应急处理、国土监察、资源开发、新农村和小城镇建设等方面，尤其是在基础测绘、土地资源调查监测、土地利用动态监测、数字城市建设和应急救灾测绘数据获取方面有着广阔的前景。航测无人机如图 5-13 所示。

图 5-13　航测无人机

一、无人机航测系统

无人机航测系统主要由无人机、GPS 定位导航、摄影传感器组成。其主要特点有飞行准备时间较短、方便操作、作业灵活、容易获取信息、得到的影像精度较高等。另外，无人机在进行飞行过程需要一些辅助的设备，包括操作系统、地面站、远程的通信装置、无人机飞行平台、信息处理系统等。

二、无人机航测生产技术流程

无人机航测生产技术大致可以分为 13 个步骤，具体如下：

(1) 资料收集，现场勘测。

(2) 设计书编写及评审。

(3) 划分摄区，设计航带。

(4) 像控点布设和测量。

(5) 航空摄影。

(6) 外业检查。

(7) 空三加密。

(8) 全数字摄影，测量数据采集。

(9) 生成 DEM(数字高程模型)、DOM(数字正射影像图)，进行数字地图编辑。

(10) 外业调绘、补测和检测。

(11) 内页编辑。

(12) 成果整理、验收。

(13) 提交成果。

三、数据处理与结果分析

无人机的航测作业结束后，作业人员首先根据飞行活动的 POS 数据和影像数据对飞行质量、影像质量进行检查。

1. 飞行质量检查

飞行质量检查主要包括影像重叠度、倾角和旋角、航线弯曲度和航高变化、拍摄区样边界覆盖是否足够及航拍范围是否满足任务的要求。

2. 影像质量检查

影像质量检查主要包括以下几个方面：

(1) 检查影像的清晰度、层次、反差、色调，判断是否能够辨认出地面分辨率，像细小的地物，并能够建立精确的立体模型。无人机航测效果如图 5-14 所示。

图 5-14 无人机航测效果

(2) 检查影像是否存在阴影、大面积反光、污点等明显的缺陷，是否影响了立体模型的建立和连接。

(3) 考虑无人机地速的影响，计算在曝光瞬间造成的像点位移是否满足规范要求。

以上的检查内容若不满足内业规范和作业任务的要求，则需要根据实际情况拟定重飞或者拒不补飞的飞行计划。

四、空三加密与测图

1. 空三加密

空中三角测量是利用重叠的航摄影像，依据少量野外控制点，以摄影测量的方法建立航线模型或者区域网模型，从而确定区域内所有影响的外方位元素。

传统摄影测量中，空中三角测量是通过对点位进行测定来实现的，即根据影像的像点测量坐标和少量控制点的大地坐标来求解未知点的大地坐标和影像的外方位元素。解析空中三角测量也称摄影测量空三加密，空三加密是指空中三角测量加密控制点的操作。航测无人机测量过程如图 5-15 所示。

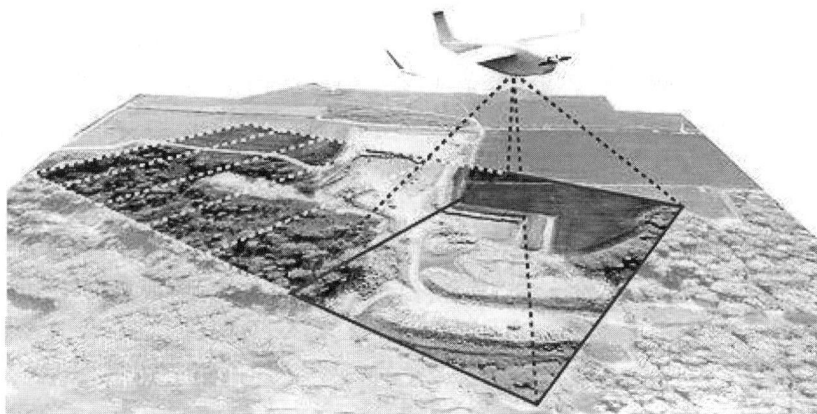

图 5-15　航测无人机测量过程

在无人机航测中，使用空三加密的意义有：

(1) 可以实现大范围的点位测定，节省大量实测的调查。

(2) 不直接接触测定对象，不受地面通视条件的限制。

(3) 加密内部区域精度均匀，平差时受地域面积大小的影响小。

注意事项如下：

(1) 确保相机参数、测区信息和控制点的大地坐标准确无误。

(2) 没有相对定向、绝对定向较差必须符合规范和设计的规定。

(3) 绝对定向后，平面位置与高程线差符合规范要求。

2. 测图

1) 业内矢量测图

全数字摄影测量系统上进行立体数据采集，数据采集时使用统一的符号库和线型库。数据按照内业定位、外业定性的原则进行采集。地貌按照立体模型进行采集。

数据采集后要对数据的完整性、正确性进行仔细检查，确保无缺失、无移位。使用相关软件将矢量地形图转化为设计方需要的格式地形图。

2) 外业调绘

外业调绘采用影像调绘与线划图调绘两种作业方式。

影像调绘数据采用空三自动匹配点粗纠正数字正射影像图(DOM)，并按照 1∶1000 的比例尺打印。线划图调绘采用采集成果数据回放图作为外业调绘的底图。

外业调绘注意事项如下：

(1) 注意新增地物、地貌要素及地类界、范围线。

(2) 对有数目遮挡的地物外业采用几何法、交会法和截距法。

(3) 对分布在测区内的各级公路的名称、等级、宽度、路面类型和道路构造物如桥涵等均按照实地位置进行调绘。

任务 5.4　了解无人机线路巡检

电力建设工程的规模在不断扩大，使得对电力线路的维护与安全巡检显得尤为重要。传统的巡检方式，即依赖人工穿梭于复杂地形、大跨度的电线区域，不仅效率较低，而且给执行人员带来了巨大的安全隐患。近年来，无人机技术的发展与应用为电力巡检带来了翻天覆地的变革。这种技术创新使得无人机可以全方位、无死角地对电力线路进行巡检，而不需要人员直接置身于潜在的危险之中，大大减少了事故风险。而且，无人机巡检相比传统方式具有更高的效率，能够更快速、准确地发现线路的潜在问题，为电力系统的稳定运行提供有力保障。此外，无人机的自动化操作减少了人工干预，进一步降低了操作误差，提升了巡检的准确性。总的来说，无人机技术在电力巡检中的应用不仅推动了电力行业向更高效、更安全的方向发展，也预示着未来技术与电力行业的更深度融合。

一、无人机线路巡检的起源

近些年，随着高压和特高压电网系统的不断发展，输电网络规模越来越大，线路巡检的工作量也在不断地增加。传统的人工巡检方式暴露出越来越多的弊端，主要有以下几方面：

(1) 由于巡检工作量的不断增加，巡检工作需要的人员数量也在不断增加，这样浪费了大量的人力。

(2) 由于线路一般架设在高空，人工巡检需要巡检人员攀爬到线塔之上，巡检后还要爬下线塔，造成工作效率低下，还增加了工作的危险性。另外，某些线路架设在高山、峡谷、河流、湖泊之上，加上天气的影响，更增加了人工巡检的难度和危险性。一些特殊的线塔基本无法实现人工巡检。电力线路如图 5-16 所示。

图 5-16　电力线路

(3) 由于人员在线塔上的活动空间有限，因此人工巡检很容易形成视觉死角，严重影响线路巡检的质量。电力线路工作人员工作如图 5-17 所示。

图 5-17　电力线路工作人员工作

随着科技的迅速发展，无人机已经成功地引入线路巡检工作，如图 5-18 所示。采用无人机进行线路巡检工作，不仅降低了工作难度、提高了工作效率、节约了人力、节省了工作成本、改善了工作质量，而且对人身安全的保障有了很大的提高。

图 5-18　电力线路无人机巡检

二、无人机线路巡检的视图跟踪技术

在无人机线路巡检领域中，视图跟踪技术是不可或缺的重要部分，精密的视图跟踪可以让无人机安全地躲避障碍物，保证飞行安全和线路安全。视图的清晰程度直接影响到地面控制人员的操作，有因震动、过弯、转向等造成的画面模糊、失步以及离开被巡检目标的情况，很容易造成机身与障碍物甚至输电塔和输电线之间的碰撞。

霍夫变换跟踪算法可以很好地完成三条导线的视图跟踪检查，还可以保证无人机在安全的距离内进行位移变化，即使在视图不清楚或者失真的情况下，也能够保证短时间内无人机不会脱离安全轨道位移，有效弥补视图跟踪的不足。

三、无人机线路巡检的方位控制技术

无人机线路巡检作业中，由于无人机体积以及空气动力学的原因，因此对环境和天气的要求比较严格。一方面需要对风力、风向等进行准确预报以及实时监测，确保自然条件适合无人机飞行，从而保证飞行的安全性。另一方面在技术上需要对无人机自身的稳定性加以改良，以保证无人机在常规和突变的气象条件下，不失控、不偏离轨迹，使操作人员有时间进行相应的调整。目前，大多数线路巡检无人机采用 LQG 控制器来进行飞行时的机身平衡和风力补偿，以便更好地完成动作。简单来说，这项技术类似于龙船失去动力浮在水面，用锚对船体进行拖曳，防止它偏离应在的位置。

四、无人机线路巡检的故障检测技术

采用无人机进行线路巡检，要检测出线路的功能是否完善，线路是否存在故障。目前应用比较广泛的无人机线路故障检测技术有以下几种。

1. 雷达检测

雷达检测技术可以提高定量测量精度，在雷达测距装置的作用下能够了解线路与建筑物之间或者周围植物之间的距离，为进一步线路维修工作提供参考。无人机输电线路雷达检测如图 5-19 所示。

图 5-19　无人机输电线路雷达检测

2. 可视检测

可视检测技术是利用高清摄像装置进行视频和图片的拍摄，再将所有可视的信息进行存储和无线传输，地面操作人员根据传输回来的信息，对被巡检设备的故障进行分析。这种技术在由传统巡检到无人机巡检的过渡期间是一种比较容易上手的方法。

3. 红外探测

红外探测技术其实很早就应用在线路巡检中，在高清成像的基础上配合图像分析技术，可以观测到肉眼不能识别的金属伤痕，对于点或者局部过热的故障也能及时发现。无人机红外成像镜头和线路红外图像如图 5-20 所示。

无人机红外成像镜头　　　　　　　　　　　　　　　　线路红外图像

图 5-20　无人机红外成像镜头和线路红外图像

　　无人机现在已经成为线路巡检中不可或缺的重要设备，在管理上需要进一步细化要求，规范操作行为，完善制度条款。无人机技术也在不断地发展，在未来的线路巡检中，无人机一定能够发挥更大的作用。

无人机线路巡检

【考证训练】

无人机巡检技术

一、思考题

　　1. 起降遥控器日本手和美国手的区别是什么？

　　2. 螺旋桨的浆距是什么？

　　3. GPS 为什么安装在飞机最上方？

二、选择题

　　1. (　　　)航空器平台结构通常包括机翼、机身、尾翼和起落架等。

　　A. 单旋翼　　　　　　　B. 多旋翼　　　　　　　C. 固定翼

　　2. 微型无人机是指(　　　)。

　　A. 空机质量小于等于 7 kg 的无人机

　　B. 质量小于 7 kg 的无人机

　　C. 质量小于等于 7 kg 的无人机

　　D. 空机质量小于等于 8 kg 的无人机

　　3. 电动动力系统主要由动力电机、动力电源和(　　　)组成。

　　A. 电池　　　　　　　　B. 调速系统　　　　　　C. 无刷电机

　　4. 无人机地面站显示系统应能显示(　　　)信息。

　　A. 无人机飞行员状态　　　　B. 飞行器状态及链路、载荷状态　　　　C. 飞行空域信息

　　5. 目前，世界上无人机频谱使用主要集中在 UHF、L、(　　　)波段。

　　A. C　　　　　　　　　　B. VHF　　　　　　　　C. 任意

6. 无人机注册证书颁发给飞机所有者作为注册证明是(　　)。

A. 随时随机携带　　　　　B. 存放备查　　　　　C. 作为售出证明

7. 飞机焦点的位置(　　)。

A. 随仰角变化而改变　　　B. 不随仰角变化而改变　　C. 随滚转角变化而改变

8. 多旋翼无人机的螺旋桨是(　　)。

A. 定距螺旋桨　　　　　　B. 变距螺旋桨　　　　　C. 有定距也有变距

9. 无人机的英文缩写是(　　)。

A. UVS　　　　　　　　　B. UA.S　　　　　　　　C. UA.V

学习情境 6 无人机维修定损

先导案例

在国家大力推动低碳减排的背景下，某环保监测部门采用了大疆 Mavic Air 2S 无人机进行区域环境监测工作。这款无人机具有高效的飞行性能和出色的拍摄能力，能够长时间在空中进行环境数据采集和图像拍摄，为环保监测提供重要的数据支持。它广泛应用于各种环境监测场景，在我国的环保领域发挥着重要作用，体现了我国无人机行业在专业应用领域的良好发展。在低碳减排的大环境下，无人机的高效利用对于减少传统监测方式中的能源消耗和碳排放具有重要意义。通过精准的维修定损，可以最大程度地降低维修成本，避免不必要的资源浪费。

学习目标

(1) 树立安全责任意识，培养精益求精、勇于创新的品质。

(2) 了解无人机装调检修工的主要工作任务。

(3) 掌握常用无人机装调检修工器具的使用方法。

(4) 掌握无人机电源故障、电机故障及电调故障的检测方法，并掌握无人机分电板故障及飞控故障的检测方法。

(5) 熟练安装及使用无人机飞控调参软件。

任务 6.1 分析无人机电机故障

无人机维修定损是无人机应用作业的设备技术保障。2020 年 2 月 25 日国家人力资源和社会保障部(简称人社部)发布了"无人机装调检修工"新职业岗位。无人机装调检修工的定义为：使用设备、工装、工具和调试软件，对无人机进行配件选型、装配、调试、检修与维护的人员。

一、无人机装调检修工主要工作任务

无人机装调检修工的主要工作任务如下：
(1) 根据无人机的产品性能等相关要求，对无人机进行配件选型、制作及测试。
(2) 按照装配图等相关要求，使用专用工具进行无人机的整机装配。
(3) 使用相关调试软件和工具进行无人机系统和功能模块的联调与测试。
(4) 使用专用检测仪器及软件进行无人机各系统检测、故障分析和诊断。
(5) 使用相关工具，根据故障诊断结果进行无人机维修。
(6) 使用专用检测工具和软件对修复后的无人机进行性能测试。
(7) 根据维护保养手册，对无人机各功能模块进行维护保养。
(8) 编制无人机设备装配、测试、检修、维修等报告。

二、无人机维修定损常用工器具

1. 电烙铁

电烙铁是电子制作和电器维修的必备工具，主要用途是焊接元件及导线。电烙铁按机械结构可分为内热式电烙铁和外热式电烙铁，按吸锡与否可分为无吸锡电烙铁和吸锡式电烙铁，按功率不同可分为大功率电烙铁和小功率电烙铁，按功能用途可分为普通电烙铁、调温电烙铁和台式电烙铁(如图 6-1 所示)。

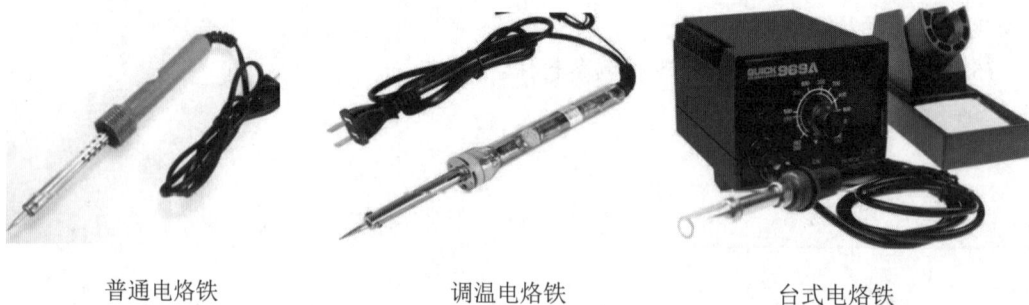

| 普通电烙铁 | 调温电烙铁 | 台式电烙铁 |

图 6-1 常见电烙铁类型

为了确保安全，在使用电烙铁时要注意以下几方面：

(1) 电烙铁的电源插头一定要使用三相电源插头，确保电烙铁外壳有效接地，确保人身安全。

(2) 电烙铁必须在干燥环境中使用。

(3) 使用电烙铁前，一定要认真检查电源插头和电源线，确保无损伤。

(4) 使用电烙铁前，要确保电烙铁头未出现松动现象。

(5) 使用电烙铁时，千万不能乱甩，以防止电烙铁上的焊锡烫伤周围人员。

(6) 使用电烙铁后，应立即切断电源，即一定要拔掉三相电源插头，待电烙铁完全冷却后再将其放回工具箱。

2. 万用表

万用表又称为复用表、多用表、三用表、繁用表等，是电力电子等部门不可缺少的测量仪表，一般以测量电压、电流和电阻为主要目的。万用表按显示方式可分为指针式万用表和数字式万用表(如图 6-2 所示)。

图 6-2　数字式万用表

1) 万用表的作用

万用表是一种多功能、多量程的测量仪表，一般可测量直流电流、直流电压、交流电流、交流电压、电阻等，有的还可以测量电容量、电感量及半导体的一些参数等。

2) 万用表的安全使用

为了确保安全，在使用万用表时要注意以下几方面：

(1) 在使用万用表之前，应先进行机械调零，使万用表指针在零电压或零电流的位置上。

(2) 在使用万用表过程中，禁止用手去接触表笔的金属部分，保证测量准确和人身安全。

(3) 在测量某一电量时，不能在测量的同时换挡，尤其在测量高电压或大电流时，更应该注意。否则，有可能会损坏万用表。如需换挡，则应先断开表笔，换挡后再进行测量。

(4) 万用表在使用时，必须水平放置，以免造成误差；同时，还要注意避免外界磁场对万用表的影响。

(5) 万用表使用完毕，应将转换开关置于交流电压的最大挡或空挡。

(6) 如果长期不使用，应将万用表内部电池取出来，以免电池腐蚀表内其他器件。

3) 万用表的基本功能

万用表不仅可以测量被测量物体的电阻、交直流电压，还可以测量交直流电流。甚至有的万用表还可以测量晶体管的主要参数以及电容器的电容量等。常见的万用表有指针式万用表和数字式万用表。指针式万用表是一表头为核心部件的多功能测量仪表，测量值由表头指针指示读取。数字式万用表的测量值由液晶显示屏直接以数字的形式显示，读取方便，有些还带有语音提示功能。万用表是共用一个表头，集电压表、电流表和欧姆表于一体的仪表。

4) 万用表的组成

万用表由表头、测量电路及转换开关等三个主要部分组成。此外，万用表还有表笔和表笔插孔。

(1) 表头。万用表的表头是灵敏电流计。表头上的表盘印有多种符号、刻度线和数值。例如，符号 A—V—Ω 表示这只电表是可以测量电流、电压和电阻的多用表。表盘上印有多条刻度线，其中右端标有"Ω"的是电阻刻度线，其右端为零，左端为∞，刻度值分布是不均匀的。符号"—"或"DC"表示直流，"～"或"AC"表示交流。刻度线下的几行数字是与选择开关的不同挡位相对应的刻度值。表头上还设有机械零位调整旋钮，用以校正指针在左端零位。

(2) 测量电路。测量电路是用来把各种被测量转换到适合表头测量的微小直流电流的电路，它由电阻、半导体元件及电池组成。它能将各种不同的被测量(如电流、电压、电阻等)、不同的量程，经过一系列的处理(如整流、分流、分压等)统一变成一定量限的微小直流电流送入表头进行测量。

(3) 转换开关。万用表的转换开关是一个多挡位的旋转开关，用来选择测量项目和量程。一般的万用表测量项目包括 mA(直流电流)、V(—)(直流电压)、V(～)(交流电压)、Ω(电阻)。每个测量项目又划分为几个不同的量程以供选择。

(4) 表笔和表笔插孔。表笔分为红、黑二支。使用时应将红色表笔插入标有"+"号的插孔，黑色表笔插入标有"—"号的插孔。

5) 万用表的工作原理

万用表的基本原理是利用一只灵敏的磁电式直流电流表(微安表)作表头。当微小电流通过表头时，就会有电流指示。但表头不能通过大电流，所以必须在表头上并联与串联一些电阻进行分流或降压，从而测出电路中的电流、电压和电阻。

6) 测量前注意事项

(1) 进行测量前应检查万用表后盖是否盖紧，否则有电击危险。

(2) 使用前应检查并确认仪表和表笔绝缘层完好，无破损及断线。如发现仪表壳体绝缘层已明显损坏，或认为仪表已经无法正常工作，请勿再使用该仪表。

(3) 进行测量前要先检查红、黑表笔连接的位置是否正确，黑色表笔一定要插入"COM"插孔，红色表笔则根据情况可插入高电压或大电流插孔。

(4) 在测量电路前一定要查看所选挡位与测量对象是否相符，量程是否正确。

(5) 测量时手指不要触碰表笔的金属部分和被测器件。

(6) 测量中如果需要转换量程，必须将表笔移开电路后再进行转换，否则有可能损坏转换开关的触点及万用表内部电路。

(7) 请勿在高温、高湿度的环境下使用仪表，尤其不能在潮湿环境中存放。

7) 常规测量

(1) 常规测量步骤如下：

① 确认需要测量的电压、电流、电阻等。

② 根据需要测量的单位选择适合的量程并切换到相应的挡位。

③ 确认所使用的插孔是高电压插孔还是大电流插孔。

④ 开始测量后等待数值稳定再进行读数。

(2) 直流电压与交流电压的检测方法如下：

① 将功能量程开关拨到交流电压挡位上。

② 然后将红色表笔插入"VΩmA"插孔，黑色表笔插入"COM"插孔，并将两支表笔笔尖分别接触所测电压的两端(并联到负载上)进行测量。

③ 从显示屏上读取测试结果。

(3) 直流电流检测方法如下：

① 将功能量程开关拨到直流电流挡位上。

② 将红色表笔插入"VΩmA"或者 10 A 插孔，黑色表笔插入"COM"插孔，并将表笔串联到待测量的电源或者电路中。

③ 从显示屏上读取测试结果。

注意：① 在仪表串联在待测回路之前，必须先将回路中的电源关闭。

② 在未知被测电流的范围大小的情况下，应将量程开关置于最大挡位测量，然后再根据实际读数需要逐步调低挡位测量。

③ 用电流挡测量时，切勿把表笔并联到电压电路上，避免损坏仪表和危及人身安全。

④ 当测量电流接近 10 A 时，每次测量时间应小于 10 s，时间间隔应大于 15 min。

(4) 电阻检测方法如下：

① 将功能量程开关拨到电阻测量挡位上。

② 将红色表笔插入"VΩmA"插孔，黑色表笔插入"COM"插孔，并将两支表笔笔尖分别接触所测电阻的两端(与被测电阻并联)进行测量。

③ 从显示屏上读取测试结果。

(5) 电路通断测量步骤如下：

① 将功能量程开关拨动到电路通断测量挡位上。

② 将红色表笔插入"VΩmA"插孔，黑色表笔插入"COM"插孔，并将两只表笔笔尖分别接触被测量的两个端点进行测量。

③ 如果被测的两个端点之间电阻大于 51 Ω，则认为电路断路，蜂鸣器无声；如果被测的两个端点之间电阻小于 10 Ω，则认为电路导通性良好，蜂鸣器连续蜂鸣。

注意：当在线测量电阻时，为避免出现危险事故，在测量前必须先将被测电路内所有的电源关断，并将所有电容器上的残余电荷放尽。

(6) 电池测量步骤如下：

① 将功能量程开关拨到电池测量挡位的相应量程上。

② 将红色表笔插入"V Ω mA"插孔，黑色表笔插入"COM"插孔，红色表笔笔尖接触所测电池"+"极。

③ 从显示屏上读取电池的电压值及电池性能的判定结果，Good 为正常电量状态，Low 为低电量状态，Bad 表示电量已低于极限状态，需更换。

④ 从显示屏上读取测量结果。

三、认识无刷直流电机

1. 无刷直流电机简介

无刷直流电机(如图 6-3 所示)是采用半导体开关器件来实现电子换向的，即用电子开关器件代替传统的接触式换向器和电刷。它具有可靠性高、无换向火花、机械噪声低等优点，广泛应用于录像机、电子仪器及自动化办公设备中。

无刷直流电机由永磁体转子、多极定子绕组、位置传感器等组成。其中，位置传感器按永磁体转子位置的变化，沿着一定次序对定子绕组的电流进行换流(即检测转子磁极相对定子绕组的位置，并在确定的位置处产生位置传感信号，经信号转换电路处理后去控制功率开关电路，按一定的逻辑关系进行绕组电流切换)。定子绕组的工作电压由位置传感器输出控制的电子开关电路提供。

图 6-3　无刷直流电机

2. 无刷直流电机的结构

无刷直流电机的转子是永磁磁钢，它连同外壳与输出轴相连，定子是绕组线圈。无刷直流电机去掉了有刷直流电机用来交替变换电磁场的换向电刷，如图 6-4 所示。其中，内定子铁芯由硅钢片叠压而成，内圆表面开有槽，用于布置定子绕组(若干线圈)。

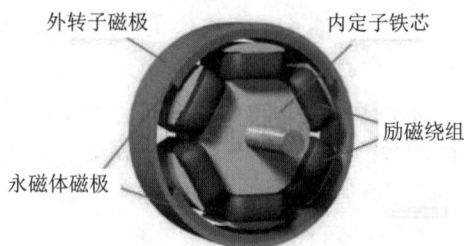

图 6-4　外转子无刷电机

3. 无刷直流电机工作原理

无刷直流电机中，换相的工作交由控制器中的控制电路(一般为霍尔传感器+控制器，更先进的技术装置是磁编码器)来完成。无刷直流电机一般采取电子换向方式，线圈不动，磁极旋转。简而言之，无刷直流电机通过改变输入无刷电机定子线圈上的电流交变频率和波形，在绕组线圈周围形成一个绕电机几何轴心旋转的磁场，该磁场驱动转子上的永磁磁钢转动，从而实现电机转动。因此，当输入为直流电时，需要电子调速器将其变成三相交流电，同时需要从遥控器接收机接收控制信号来控制电机的转速，以满足无人机使用需要。无刷直流电机工作原理如图 6-5 所示。

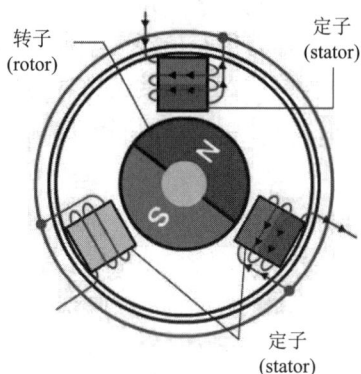

图 6-5　无刷直流电机工作原理

4. 无刷直流电机的优点

与一般电机相比，无刷直流电机具有以下优点：

(1) 无电刷，低干扰。无刷电机去除了电刷，最直接的变化就是没有了有刷电机运转时产生的电火花，这样就极大地减少了电火花对遥控无线电设备的干扰。

(2) 噪声低，运转顺畅。无刷电机没有了电刷，运转时摩擦力大大减小，运行顺畅，噪声会低许多。这个优点对于无人机运行稳定性是一个巨大的支持。

(3) 寿命长，维护成本低。少了电刷后，无刷电机的磨损主要是在轴承上了，从机械角度看，无刷电机几乎是一种免维护的电动机，必要时，只需做一些除尘维护即可。经过比较可以发现，有刷电机低速扭力性能优异、转矩大等性能特点是无刷电机不可替代的。不过，就无刷电机的使用方便性来看，随着无刷控制器的成本下降和国内外无刷技术的发展，无刷动力系统正在高速发展与普及，这也极大地促进了无人机的发展。

四、无人机常见的电机故障

无人机常见的电机故障有电机堵转和电机转向错误两种。

1. 电机堵转

电机堵转是电机在转速为 0 时仍然输出扭矩的一种故障现象，原因是电机负载过大、拖动的机械发生故障、轴承损坏导致扫膛等。电机堵转时功率因数极低，堵转时的电流(称堵转电流)最高可达额定电流的 7 倍，时间稍长就会烧坏电机。因此，电机的一般性试验就包括堵转试验这一项。

1) 电机堵转状况

电机转动时，定子绕组形成的旋转磁场拖动转子旋转，而转子中感应电流所产生的磁场也在定子绕组感应出反电势，也就是感抗，它能起到阻止电机定子电流增加的作用。如果电机堵转了，上述反电势也没有了，电机就像接在电源中的一个电感元件，只有其自身的电阻和电感，电流自然会大大增加。

2) 故障检测方法

遇到电机堵转故障，检测方法是：使用万用表，将挡位拨动至蜂鸣挡，先检查电池到电源管理模块的通断，万用表出现声响则表示线路或部件通，不响则表示线路故障；接下来检查电源管理模块到分电板的通断，万用表出现声响代表通路；再检查分电板到电调部分，万用表出现声响代表通路；检查电调到电机的通断，万用表不响代表此电机缺相，线路不通；最后检查飞控到电调之间的信号通断，万用表出现声响代表通路。

2. 电机转向错误

在通电后，轻推飞控油门，发现电机正常转动，但所有电机转向均相同，这就是常见的无人机电机转向错误。

四旋翼无人机为了抵消反扭矩，电机之间的转向两两相反，即 M1 电机为逆时针旋转，M2 电机为顺时针旋转，M3 电机为逆时针旋转，M4 电机为顺时针旋转。因此，如果所有电机均同向旋转，则必有一对电机出现转向错误。

任务 6.2　分析无人机电调故障

无人机电调也叫电子调速器，它通过信号线接收到飞控发来的控制信号，控制电机的转动速度。可以通俗理解为，电调是水阀，电机是水，人是控制信号，人通过控制水阀来决定出水量。

一、电调的初步认知

1. 电调的定义

电调(Electronic Speed Controller，ESC)有电流控制作用，它根据控制信号调节电动机的转速。电调内部电路有一套 MOSFET 管(功率管)。电流输入电调，内部电路接收来自接收机的信号，根据信号对电流进行合适的控制，然后把控制后的电流输出到马达，从而控制电机的启停及转速。根据电机的不同，电调可分为有刷电调和无刷电调。有刷电调就是简单的直流输出；无刷电调就是把直流电转换成三相交流电。

电调输入是直流，可以接稳压电源或者锂电池，一般供电需要 2～6 节锂电池。输出是三相脉动直流，直接与电机的三相输入端相连。如果上电后电机反转，只需要把这三根线中间的任意两根对换位置即可。电调还有三根信号线连出，用来与接收机连接，控制电机的运转。连接信号线需要共地。电调如图 6-6 所示。

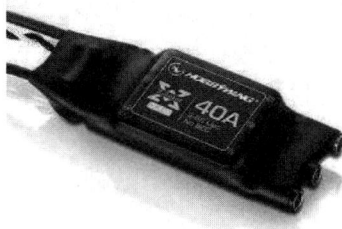

图 6-6　电调

2. 电调的应用

电调主要应用在无人机上，也常用于航模、车模、船模、飞盘等模型上面。这些模型通过电调来驱动电机完成各种指令，模仿其真实工作功能，以达到与真实情况相仿的效果。因此有专门为航模设计的航模电调，为车模设计的车模电调，等等。电调的功效就是控制电机，完成规定速度、动作。所以，电调在生产生活中也有很广阔的应用，比如，电动工具上的电调、医疗设备上的电调、汽车涡轮机上的电调、特种风机专用电调等。某些电调的生产厂家会根据用户的不同需要和电机参数，量身定制电调。

3. 无刷电调连线

电调共有 7 根或 8 根线。其中两根粗线(红黑线)为电调输入线，与电池相连；较粗三根线为输出线，与电机相连，任意调换两根线可实现电机反转；三根细线为信号线，与接收机相连。无刷电调连线如图6-7所示。

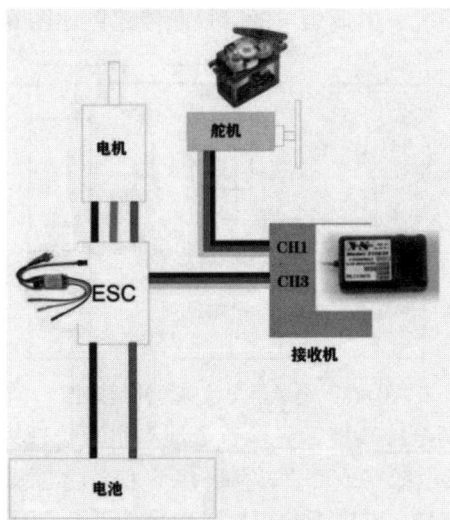

图 6-7　无刷电调连线

电调一般有电源输出功能，即在信号线的正负极之间有 5 V 左右的电压输出，通过信号线为接收机供电，接收机再为舵机等控制设备供电。

注意：(1) 多旋翼无人机使用无刷电调。

(2) 电调上标的"40A"，为持续稳定输出的电流。

4. 无刷电调的主要功能

无刷电调的主要功能如下：

(1) 直流变交流。无刷电调可以将输入的直流电转换为三相交流电输出。

(2) 调节电机转速。无刷电调可以根据控制信号调节电机的转速。

(3) BEC 供电。BEC 也叫降压模块，BEC 供电是指电调可以将电池电压转换输出为 5 V 左右的电压，给接收机供电。

(4) 刹车保护。当油门摇杆降到最低点时，电调会立刻启动刹车功能，电机将迅速停止转动。

(5) 启动保护。在推动油门启动后，如果 2 s 内未能正常启动电机，电调将会停止工作。

(6) 超温保护。一般当电调温度超过 110℃时，电调会降低输出功率；在电调工作温度下降后，电调会逐渐恢复最大动力。

(7) 油门信号丢失保护。在检测到油门遥控信号丢失 1 s 后，电调开始降低输出功率，等待信号恢复。

(8) 过载保护。当出现电机堵转而导致负载突然变得很大时，电调会进行过载保护。

(9) 编程功能。无刷电调能够进行编程设定，完成预定功能和参数设置。

二、电调常见故障及检测方法

无人机常见的电调故障有电调供电故障和电调信号故障两种。

1. 电调供电故障及检测方法

正常通电以后，如果出现电调没有声音反馈，则可能是电调供电故障，需要着重检查分电板到电调线路的通断情况。电调供电故障检测线路图如图 6-8 所示。

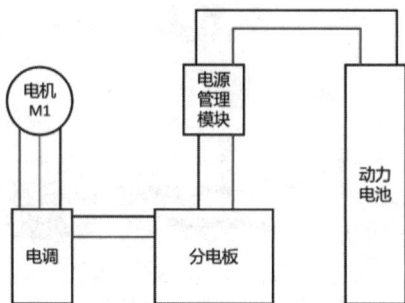

图 6-8　电调供电故障检测线路图

使用万用表，将挡位调至蜂鸣挡，先检查电池到电源管理模块的通断，万用表出现声响则表示线路通，不响则表示线路或部件故障；接下来检查电源管理模块到分电板的通断，万用表出现声响则表示线路通；再检查分电板到电调的通断，万用表不响则说明供电故障，线路不通；最后检查电调到电机的通断，万用表出现声响则表示线路通。

故障处理方法：

(1) 可以通过焊接或者重新更换新的线路或部件使电调能正常工作。

(2) 定期检查电调电源连接问题，检查接头是否牢固，确保插头无松动或氧化现象，必要时更换损坏的接头。

(3) 定期检查电调的工作状态，如发现异常发热或输出不稳定，则可能是电调内部元件故障，应及时送修或更换电调。

2. 电调信号故障及检测方法

正常通电后，电机不转且电调出现"嘀嘀嘀"的声响，则可能是电调信号故障，需要着重测量电调与飞控相连线路是否存在断路情况。

使用万用表，将挡位调至蜂鸣挡，先检查电池到电源管理模块的通断，万用表出现声响则表示线路通，不响则表示线路或部件故障；接下来检查电源管理模块到分电板的通断，万用表出现声响则表示线路通；再检查分电板到电调的通断，万用表出现声响则表示线路通；然后检查电调到电机的这部分线路，万用表出现声响代表线路；最后检查飞控到电调之间的信号通断，万用表不响代表线路故障。

故障处理方法：

(1) 可以通过焊接或者重新更换新的线路或部件使电调能正常工作。

(2) 定期检查电调与飞控之间的信号线是否存在松动、接触不良或断裂等现象，检查信号线的连接是否牢固，确保插头无松动或氧化现象，必要时更换损坏的信号线。

(3) 优化无人机内部布线，避免信号线与电源线平行走线，必要时使用屏蔽线或磁环减少干扰。

任务 6.3　分析无人机分电板故障

无人机的分电板通常是用于连接电池、电调的电路板。

一、分电板的初步认知

分电板的作用就是连接电池，将电池的电压分配给不同的用电部分，所以称其为分电板。现在很多四合一飞控集成了分电板，从而节省了空间。经过多年的发展，分电板有以下三种类型：独立分电板、PDB 和 VTX 组合、飞控集成分电板。典型分电板(多旋翼无人机分电板)构造如图 6-9 所示。

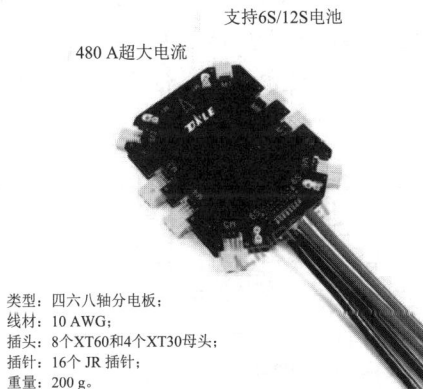

支持6S/12S电池

480 A超大电流

类型：四六八轴分电板；
线材：10 AWG；
插头：8个XT60和4个XT30母头；
插针：16个 JR 插针；
重量：200 g。

图 6-9　典型分电板构造

电源分配的两条线：电池→分电板→飞控→接收器、图传、摄像头、LED 等；电池→分电板→电调→电机。

二、分电板故障及检测方法

无人机常见的分电板故障有两种：主电源供电故障和分电板到各支路故障。

1. 主电源供电故障

正常通电后整个设备无反应，电调无声响，各指示灯不亮，则可能是主电源供电故障，需要着重测量电源管理模块到主控线路通断情况。

使用万用表，将万用表调至蜂鸣挡，依次检查各部件。首先查看电池到电源管理模块线路的通断，蜂鸣器响代表线路通；接下来查看电源管理模块到分电板之间的通断，蜂鸣器不响代表线路不通，此处故障。

2. 分电板到各支路故障

正常通电后，设备解锁，某个电机不转，且电调无声响，则可能是分电板到各支路故障，需要着重测量分电板正负极到各个支路正负极的通断情况。

使用万用表，将万用表调至蜂鸣挡，依次检查各部件。首先查看电池到电源管理模块线路的通断，蜂鸣器响代表通路；接下来查看电源管理模块到分电板之间的通断，蜂鸣器响代表通路；然后查看分电板到 M1 电调的通断，蜂鸣器响代表通路；之后查看 M1 电调到 M1 电机的通断，蜂鸣器响代表通路。其他三个电机的线路检测方式与 M1 相同。

任务 6.4　分析无人机接收机故障

无人机的遥控器和接收机是成对出现的，在无人机上安装接收机，遥控器发出信号被接收机收到后转发给飞控。

一、接收机的初步认知

接收机常见的接收编码模式可分 PWM、PPM、SBUS 三种，部分接收机可同时兼容多种编码模式。在工作时，遥控器将控制指令信号发送给接收机，接收机解码后再将信息反馈给无人机飞行控制系统，从而实现对无人机飞行姿态的控制。遥控器与接收机工作原理如图 6-10 所示。

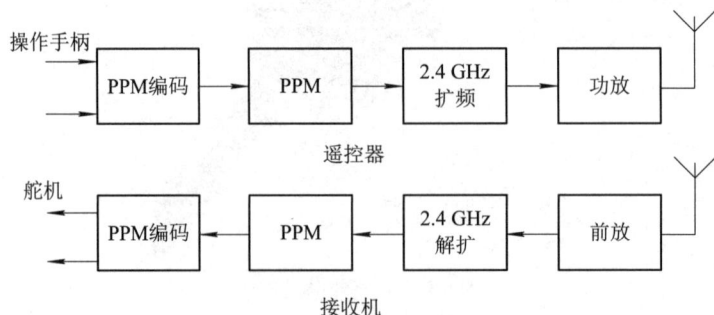

图 6-10　遥控器与接收机工作原理

1. PWM 编码信号

PWM(Pulse Width Modulation，脉冲宽度调制)编码信号在日常生活中主要用于电机、舵机的控制。该信号的主要工作原理是通过周期性跳变的高低电平组成方波，来进行连续数据的输出。

PWM 编码信号的优点：

(1) 由于传输过程全部使用满电压传输，非 0 即 1，很像数字信号，因此 PWM 编码信号拥有数字信号的抗干扰能力。

(2) 脉宽的调节是连续的，能够传输模拟信号。

(3) 现在的数字电路使用计数的方法产生和采集 PWM 信号。

(4) 信号值与电压无关，这在电压不恒定的情况下非常有用。例如，电池电压会随着消耗而降低，而这个因素不会干扰信号的传输。

2. PPM 编码信号

PPM(Pulse Position Modulation，脉冲位置调制)编码信号高电平的持续时间在整个时间轴上所占的比例其实是很小的(假设高电平是信号)，绝大部分的时间都是空白的。PPM 编码信号简单地将多个通道的数值一个接一个地合并进一个通道，用两个高电平之间的宽度来表示一个通道的值。

航模遥控器发射电路的工作原理是：通过操纵发射机上的手柄，将电位器阻值的变化信息送入编码电路。编码电路将其转换成一组脉冲编码信号(PPM 或 PCM)。这组信号经过高频调制电路(AM 或 FM)调制后，再经功放电路发送出去。PPM 的编解码方式一般是使用积分电路来实现的，而 PCM 编解码方式则是采用模/数(A/D)和数/模(D/A)转换技术实现的。

航模遥控器中最常用的两种脉冲编码方式是 PPM 和 PCM，最常用的高频调制方式是FM(调频)和 AM(调幅)，最常见的组合为 PPM/AM、PPM/FM、PCM/FM。

PPM 编码工作原理如图 6-11 所示。

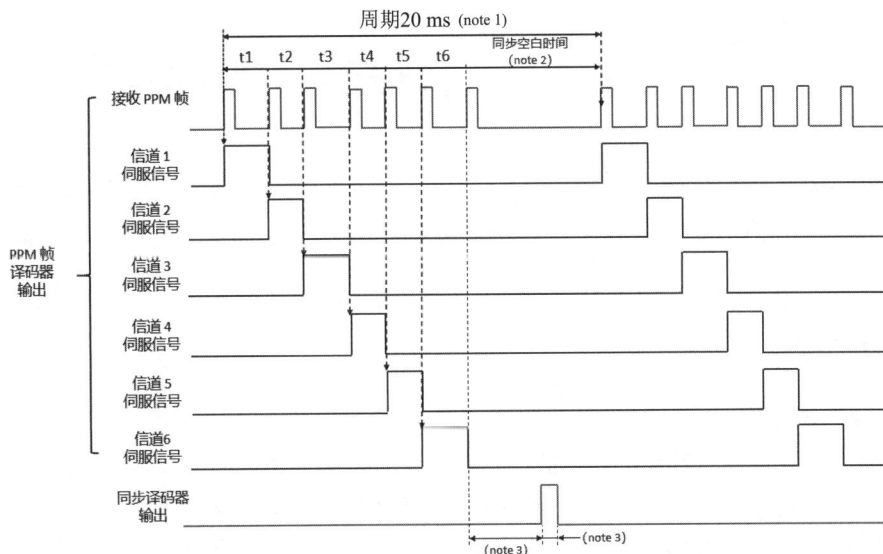

图 6-11　PPM 编码工作原理

3. SBUS 编码

SBUS(Serial Bus)是一个串行通信协议，也称为全数字化接口总线，被广泛应用于遥控系统等领域。其主要特点是使用一条数据线即可完成所有通道的数据传输，从而极大地提高了数据传输的效率和便捷性。目前，该协议被很多模型和无人机电子设备制造商使用。通常，SBUS 的接收机是反向电平，连接到无人机时需要接电平反向器。因大部分支持 SBUS 的飞行控制板已经集成了反向器，所以直接将接收机连接到飞行控制器即可。

二、接收机故障及检测方法

无人机常见的接收机故障有两种：接收机供电故障和接收机通信故障。

1. 接收机供电故障

正常通电后，打开遥控器，观察发现接收机指示灯不亮，分电板、GPS 灯光正常，但遥控器无法解锁，则可能是接收机供电故障。

使用万用表，将万用表调至蜂鸣挡，检测飞控到接收机这一部分的通断情况，蜂鸣器响代表通路，不响代表不通。检测完发现在检测飞控到接收机的正极时，线路不通，那么就说明设备通电后，遥控器无法解锁；接收机指示灯不亮是由于飞控到接收机供电故障导致的。

2. 接收机通信故障

正常通电后，观察发现电源管理模块、分电板、GPS 等灯亮，但遥控器无法解锁。先检查接收机指示灯是否为已对频指示灯，若不是，则需要重新对频；若是已对频指示灯，且遥控器解锁无反应，则可能是接收机通信故障。

使用万用表，将万用表调至蜂鸣挡，检测飞控到接收机的信号部分，蜂鸣器不响代表不通，说明此故障是由于飞控到接收机的信号丢失导致的。

任务 6.5　分析无人机飞控故障

飞控系统对于无人机相当于驾驶员对于有人机的作用，它是无人机最核心的部分之一。飞控系统实现的功能主要有无人机姿态稳定和控制、无人机任务设备管理和应急控制三大类。

一、飞控的认知

1. 飞控的定义和作用

所谓无人机的飞控，就是无人机的飞行控制系统，主要由陀螺仪(用于飞行姿态感知)、加速计、地磁感应、气压传感器(用于悬停高度粗略控制)、超声波传感器(用于低空高度精确控制或避障)、光流传感器(用于悬停水平位置精确确定)、GPS 模块(用于水平位置高度粗略定位)以及控制电路组成。

在飞行器飞行的过程中，飞控会感知飞行器的飞行高度、速度、角度及位置信息，并按照预先设定好的飞行计划或临时接收的飞行指令，控制飞行器的不同系统做出相应的动作，如对于固定翼是调整舵面，对于多旋翼是调整各个动力的输出功率等，从而达到改变飞行姿态的目的。

2. 飞控的类型

开源飞控的特点是共同开发、共同使用、共同维护，比如 APM、KK、MWC 等。闭源飞控的特点是商业集成度高，比如大疆 A2/NAZA、零度等，如图 6-12 所示。

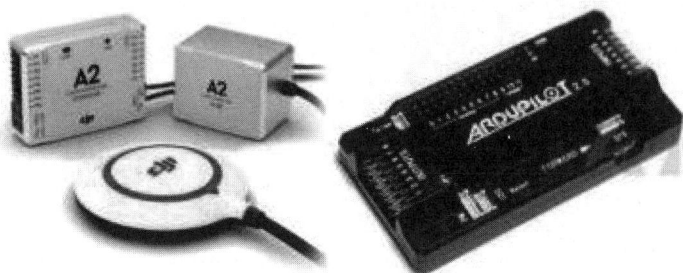

图 6-12　典型飞控

3. 飞控系统组成

飞控系统(如图 6-13 所示)是无人机的核心系统之一，是无人机的大脑。如果它出现故障，无人机就不能正常运行。飞控系统最核心的组成部分是导航子系统和飞控子系统。

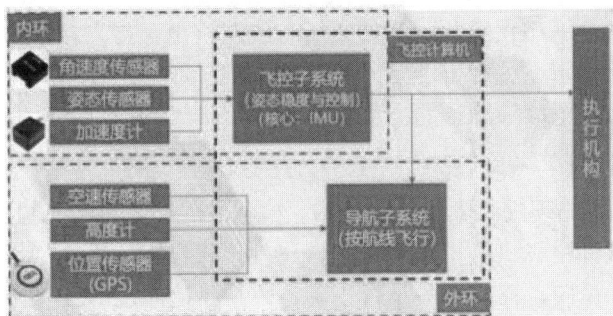

图 6-13　飞控系统组成

1) 导航子系统

导航子系统可以向无人机提供相对于所选定的参考坐标系的位置、速度、飞行姿态，引导无人机沿指定航线安全、准时、准确地飞行。完善的无人机导航子系统具有以下功能：

(1) 获得必要的导航要素，包括高度、速度、姿态、航向。

(2) 给出满足精度要求的定位信息，包括经度、纬度。

(3) 引导飞机按规定计划飞行。

(4) 接收并存储预定的飞行任务航线计划，同时对任务航线的执行进行动态管理。

(5) 接收控制站的导航模式控制指令并执行，能够在指令导航模式与预定航线飞行模式间切换。

(6) 接收并融合无人机其他设备的辅助导航定位信息。

(7) 配合其他系统完成各种任务。

2) 飞控子系统

飞控子系统是无人机完成起飞、空中飞行、执行任务、返厂回收等整个飞行过程的核心系统，对无人机可实现全权控制与管理。因此，飞控子系统是无人机执行任务的关键。飞控子系统主要具有如下功能：

(1) 无人机姿态稳定与控制。

(2) 与导航子系统协调完成航迹控制。

(3) 无人机起飞(发射)与着陆(回收)控制。

(4) 无人机飞行管理。

(5) 无人机任务设备管理与控制。

(6) 应急控制。

(7) 信息收集与传递。

二、飞控故障及检测方法

无人机常见的飞控故障有两种：飞控供电故障和飞控参数故障。

1. 飞控供电故障

正常通电后，飞控指示灯不亮，解锁遥控器，发现 GPS、接收机灯不亮，无人机电机出现"嘀嘀嘀"响声，则可能是飞控供电故障。

使用万用表，将万用表调至蜂鸣挡，依次检查电池到各个电机线路之间的通断，蜂鸣器响代表通路，蜂鸣器不响代表断路。如果所有线路供电正常，接下来检测各电机的信号通断，如果均是通路，那么就有可能是飞控线路出现了故障；使用万用表检测，蜂鸣器不响，可以确定是飞控供电故障导致的。

2. 飞控参数故障

正常通电后，如果出现遥控器解锁无反应，检测发现接收机和飞控通信线通信正常时，需着重检测地面站软件中飞机类型是否正确、飞行模式设置是否正确、遥控器是否校准、遥控器通道设置是否反向、三段开关是否正确等。将飞控通过 USB 数据线连接至 PC 端，使用地面站调参软件进行更改(如图 6-14 所示)。

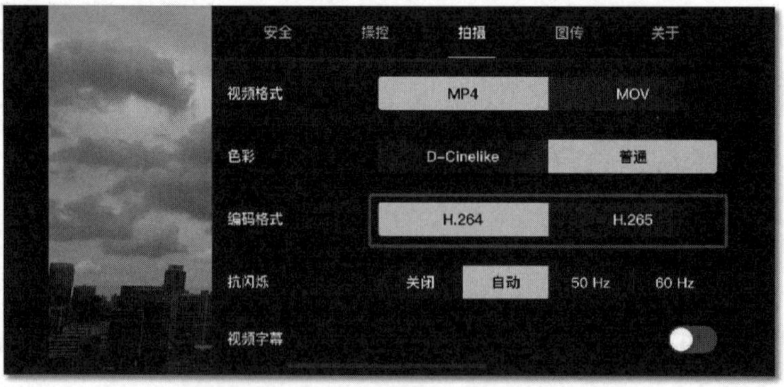

图 6-14　典型的飞控调参软件

【考证训练】

一、思考题

1. 万用表的使用方法及使用注意事项有哪些？

2. 无人机飞控的作用是什么？

3. 无人机分电板的作用是什么？

4. 无人机电调的作用是什么？

二、选择题

1. 多轴电调上有"15A"字样，意思指(　　　)。

A. 电调所能承受的稳定工作电流为 15A

B. 电调所能承受的最大瞬时工作电流为 15A

C. 电调所能承受的最小工作电流为 15A

2. 某多轴飞行器动力电池标有 22.2 V，它是(　　　)。

A. 6S 锂电池　　　　　　　　B. 22.2S 锂电池

C. 3S 锂电池　　　　　　　　D. 11.1S 锂电池

3. 旋翼机下降过程中，正确方式是(　　　)。

A. 一直保持快速垂直下降　　B. 先慢后快　　　　C. 先快后慢

4. 电调上最粗的红线和黑线用来连接(　　　)。

A. 动力电池　　　　　　　　B. 电动机

C. 接收器　　　　　　　　　D. 遥控器

5. 多轴飞行器每个"轴"上一般连接(　　　)。

A. 1 个电调、1 个电机　　　B. 2 个电调、1 个电机

C. 1 个电调、2 个电机　　　D. 2 个电调、2 个电机

6. 六轴飞行器安装有(　　　)。

A. 6 个顺时针旋转螺旋桨

B. 3 个顺时针旋转螺旋桨，3 个逆时针旋转螺旋桨

C. 4 个顺时针旋转螺旋桨，2 个逆时针旋转螺旋桨

7. 轴飞行器某个电机发生故障时，对应做出类似停机工作的电机应该是(　　　)。

A. 俯视顺时针方向下一个

B. 对角

C. 俯视逆时针方向下一个

参 考 文 献

[1]　深圳市无人机行业协会. 无人机工作系统实用技术[M]. 北京：机械工业出版社，2021.

[2]　王古常. 多旋翼无人机组装调试与飞行实训[M]. 重庆：重庆大学出版社，2021.

[3]　鲁储生，张富建，邹仁，等. 无人机组装与调试[M]. 北京：清华大学出版社，2017.

[4]　董朝阳，张文强. 无人机飞行与控制[M]. 北京：北京航空航天大学出版社，2020.

[5]　钟伟雄，韦凤，邹仁，等. 无人机概论[M]. 北京：清华大学出版社，2019.